吴晓红 著

数学素养

从理论到实践

 华东师范大学出版社

目录

第1章　聚焦数学素养

1.1　数学素养：世界数学课程改革的关键词

当今世界正处于一个国际化的时代，跨入新世纪的世界各国都在积极进行课程改革。在数学重要性越来越凸显的今天，“关于数学教育研究的任何议程，都要关注当前和将来对数学素养的要求”①。数学素养已成为世界数学教育课程改革的关键词。

美国数学教师协会 NCTM(National Council of Teachers of Mathematics)1989 年颁布的《学校数学课程与评价标准》是美国数学课程改革的标志性文件，该文件明确指出，数学教育应当培养出有数学素养的社会成员，并将“能理解数学价值、对自己的数学能力有信心、成为数学问题解决的能手、学会数学交流、学会数学推理”作为有数学素养的体现。② 美国数学督导委员会 NCSM(National Council of Supervisors of Mathematics)在《面向 21 世纪的基础数学》报告中指出，数学素养是除性别、种族以外影响公民就业和收入的又一重要因素。③ 美国国家研究委员会 NRC(National Research Council)在 2001 年的报告《加入进来，帮助儿童学习数学》中把数学素养作为

---

① Jeremy Kilpatrick. Understanding Mathematical Literacy: The Contribution of Research [J]. Educational Studies in Mathematics, 2001, (47): 101 - 116.

② National Council of Teachers of Mathematics. Curriculum and Evaluation Standards for School Mathematics [M]. Reston, VA: Author, 1989.

③ 陈蓓. 国外数学素养研究及其启示[J]. 外国中小学教育，2016(4).

描述成功数学学习的关键用词。[①] 在 2010 年公布的美国《州共同核心数学标准》(Common Core State Standards for Mathematic，简称 CCSSM)中再一次强调了数学素养，提出了作为数学教学重要基础的八个素养：理解问题并能坚持不懈地解决问题；抽象、量化地推理；构建切实可行的论证，评判他人的推理；建立数学模型；策略地使用适合的工具；关注精确性；寻求并使用结构；在重复推理中，探求并表征规律。[②]

日本"关于数学素养的讨论是从 20 世纪下半叶开始的"，虽然关于数学素养的争论不断，但"能够发展绝大多数高中生智力的数学素养"和"在高度信息化的社会有益于普通大众的数学素养"[③]等一直是日本数学教育的追求。日本近年出现的《日本中小学生数学学力测验》，其评价体系的基本特点就是聚焦于学生的基本数学素养。[④]

发展中国家南非也高度重视数学素养，将之作为一门学科课程，并颁布了国家《数学素养》课程大纲，明确指出了学生数学素养的要素：数量及其运算；代数关系；空间、形状和测量；数据处理。[⑤]

经济合作与发展组织 OECD(Organization for Economic Co-operation and Development)开发的国际学生评估项目 PISA(Program for International Student Assessment)，是国际上有较大影响的学生学业国际比较项目，被英国人誉为"教育界的世界杯"竞赛，其评估目的之一就是了解处于义务教育阶段末期的 15 岁学生，在阅读、数学和科学素养方面为成人生活所做的准备情况。其中关于数学素养的评估测评已经成为影响世界数学教育改革的重要指标。例如，PISA 测试结果就直接影响了德国教育改革的走向。[⑥]

就我国而言，1992 年颁布的《九年义务教育全日制初级中学数学教学大纲(试用)》中首次提出"数学素养"一词："使学生受到必要的数学教育，具有一定的数学素

① 胡典顺. 数学素养研究综述[J]. 课程·教材·教法，2010(12).

② NGA. CCSSO. Common Core State Standards for Mathematics [EB/OL]. http://corestandards.org/the standards/mathematics, 1-93. 2010-03-06.

③ 王雪，马真真，刘晓玫. 数学素养的意义与学校课程设计——日本的数学素养研究[J]. 小学教学(数学版)，2012(12).

④ 孔企平. 国际数学学习测评：聚焦数学素养的发展[J]. 全球教育展望，2011(11).

⑤ 康仕刚. 中国西部地区中学生数学素养现状调查研究[J]. 数学教育学报，2014(5).

⑥ 徐斌艳，蔡金法. 关于数学素养测评及其践行[J]. 全球教育展望，2017(9).

养，对于提高全民族素质，为培养社会主义建设人才奠定基础是十分必要的。”[①] 其后，在1996年颁布的《全日制普通高级中学数学教学大纲（供试验用）》、2000年颁布的《九年义务教育全日制初级中学数学教学大纲（试用修订版）》和《全日制普通高级中学数学教学大纲（实验修订版）》中都有相同或类似表述。

2001年6月《基础教育课程改革纲要（试行）》颁布，标志着我国基础教育进入一个崭新的课程改革时代，新一轮数学课程改革就此拉开帷幕。2001年颁布的《全日制义务教育数学课程标准（实验稿）》提出："数学是人类的一种文化，它的内容、思想、方法和语言是现代文明的重要组成部分。"《义务教育数学课程标准（2011年版）》进一步明确指出："数学是人类文化的重要组成部分，数学素养是现代社会每一个公民应该具备的基本素养。"[②] 2003年颁布的《普通高中数学课程标准（实验）》指出："数学是人类文化的重要组成部分，数学素质是公民所必须具备的一种基本素质。"并且明确了高中数学课程"基础性"的含义，其中之一即为"在义务教育阶段之后，为我国公民适应现代生活和未来发展提供更高水平的数学基础，使他们获得更高的数学素养"[③]。相应地，《普通高中数学课程标准（实验）解读》明确提出："基础教育数学课程的基本目标就是要提高学生的数学素养。"[④]

2014年教育部印发《关于全面深化课程改革落实立德树人根本任务的意见》，提出："教育部将组织研究提出各学段学生发展核心素养体系，明确学生应具备的适应终身发展和社会发展需要的必备品格和关键能力。"核心素养的提出，使得数学核心素养成为社会关注以及教育研究的热点。《普通高中数学课程标准（2017年版）》更加明确地指出："数学在形成人的理性思维、科学精神和促进个人智力发展的过程中发挥着不可替代的作用。数学素养是现代社会每一个人应该具备的基本素养。"并将"提升数学学科核心素养""更关注数学学科核心素养的形成和发展"[⑤]等作为课程标准的基本理念。

---

① 课程教材研究所. 20世纪中国中小学课程标准·教学大纲汇编（数学卷）[M]. 北京：人民教育出版社，2001.

② 中华人民共和国教育部. 义务教育数学课程标准（2011年版）[S]. 北京：北京师范大学出版社，2012：1.

③ 中华人民共和国教育部. 普通高中数学课程标准（实验）[S]. 北京：人民教育出版社，2003：1—2.

④ 严士健，张奠宙，王尚志. 普通高中数学课程标准（实验）解读[M]. 南京：江苏教育出版社，2004：18.

⑤ 中华人民共和国教育部. 普通高中数学课程标准（2017年版）[S]. 北京：人民教育出版社，2017：1—3.

可见，数学素养已成为世界数学课程改革的一个关键词，是21世纪国际数学教育的共同目标，具备一定的数学素养是当前国际社会全球化背景下世界合格公民的基本要求，提高学生的数学素养是世界各国数学教育改革的共同追求。

1.2 数学素养：国际数学教育研究的重要课题

数学素养已成为世界各国数学教育改革的热点话题，相应地，关注数学素养的学者越来越多，关于数学素养的研究也越来越多，数学素养已成为国际数学教育研究的重要课题，并对世界各国产生重大影响。

从研究内容来看，关于数学素养的研究涉及数学教育的方方面面，诸如：数学素养的内涵，数学素养的构成，数学素养的培养，数学素养的评价，数学素养的国际比较，等等。整体上看，研究内容主要集中在以下几个方面：一是关于数学素养内涵的探讨，如数学素养的构成要素[①]，数学素养的内涵分析[②]，数学素养的价值体现[③]，PISA[④]或者其他国家数学素养的介绍[⑤]等；二是关于如何提高学生数学素养的研究，主要是一线数学教师在实践中的具体做法以及国外数学素养研究对我国的启示，如"善于思考，体验数学；联系生活，感悟数学"[⑥]"激发学生自主思考，培养探究精神；抓住细节处回顾，提升学生的思想方法素养"[⑦]"突出基本数学思想和方法教学，增加数学实践活动"[⑧]等。

从研究影响来看，随着人们对数学素养认识的不断深入，越来越多的国家更加关注本国学生的数学素养，并积极参与到数学素养的国际比较中。以经济合作与发展组织OECD开展的PISA研究为例，从2000年开始，每3年进行一次测评。国际上参与该研究的国家和地区越来越多，2000年有43个国家和地区参与，2003年有41个，之

---

① 朱德全.数学素养构成要素探析[J].中国教育学刊，2002(5).

② 桂德怀，徐斌艳.数学素养内涵之探析[J].数学教育学报，2008(5).

③ 郑强.论数学素养及其在数学课程中的价值体现[J].曲阜师范大学学报(自然科学版)，2005(2).

④ 綦春霞.PISA数学素养测评及其特点[J].数学通报，2009(6).

⑤ 徐斌艳.关于德国数学教育标准中的数学能力模型[J].课程·教材·教法，2007(9).

⑥ 王婧.浅谈数学素养的培养[J].数学学习与研究，2011(4).

⑦ 毛海平.在解决问题教学中，提升学生数学素养[J].小学教学参考(数学)，2010(10).

⑧ 梁宇，潘登.本科小学教育专业学生数学素养的培养研究[J].佳木斯教育学院学报，2011(1).

后每次参与的国家与地区都在增加，到2009年已达65个，其中包括第一次参加PISA测试的中国上海。之后中国大陆参与了PISA的阅读素养、数学素养、科学素养的测试。而2015年PISA测试范围已覆盖72个国家和地区，共计54万名15岁学生。

不仅参与者在不断增加，PISA对学生数学素养的考查也对世界各国数学教育产生了很大影响，许多被试国家和地区以PISA测试结果作为本国课程改革的依据，反思本国或地区数学教育的经验和不足；而一些未参与国也运用PISA的数学素养框架分析本土学生数学素养状况，借鉴PISA的数学素养内涵实施数学课程改革。因此，数学素养的研究成果也成为人们关注的热点。例如，美国15岁年龄组学生在PISA2003中的表现不尽如人意，在数学阅读和数学问题解决方面的成绩都低于国际平均水平，以至于2004年12月7日美国著名的*Wall Street Journal*杂志的标题新闻是——“经济时代的炸弹：美国学生的数学在世界最差之列”。[①] 2009年，上海首次参与该测试，获得数学、科学、阅读三个单项第一和总分第一。较高的PISA成绩成为世界教育界关注的热点，也成为学者研究的重要内容，诸如“基于PISA数据评价上海学生的21世纪能力”[②]“自信·自省·自觉——PISA2012数学测试与上海数学教育特点”[③]“PISA影射下数学学业水平考试的问题情境比较研究——以上海三年中考和新加坡O-Level试题为例”[④]等。中国在2015年的PISA测试中，科学测试全球排名第10、阅读测试排名第27、数学测试排名第6，这一成绩远低于2009年、2012年的成绩，于是诸如“PISA2015成绩：中国排名大幅下降，新加坡第一”“PISA测试结果揭晓，中国大幅倒退”“中国PISA成绩排名大降原因何在？专家这样解释”等报道成为各大媒体的热点，也成为社会追踪的热点。

可见，关于数学素养的研究正对世界数学教育界产生重大影响。目前，“数学素养”已成为国际数学教育界关注的重要内容，自纳入国际数学教育大会ICMI12讨论课题后，已成为国际数学教育大会探讨的重要议题。

---

① Bybee R W, Stage E. No Country Left Behind [J]. Issues in Science and Technology. 2005,69-76.

② 陆璟. 基于PISA数据评价上海学生的21世纪能力[J]. 上海教育科研，2015(2).

③ 张选民，黄华. 自信·自省·自觉——PISA2012数学测试与上海数学教育特点[J]. 教育研究，2016(1).

④ 陈志辉等. PISA影射下数学学业水平考试的问题情境比较研究——以上海三年中考和新加坡O-Level试题为例[J]. 比较教育研究，2015(10).

1.3 理论与实践的互动：数学素养的研究路向

尽管数学素养已成为国内外关注的焦点，成为世界数学教育研究的重要课题，但是数学教育界对数学素养的理解却有不同。

国际上关于数学素养的用词很多，如：Numeracy，Mathematical Literacy，Mathematical Proficiency，Quantitative Literacy，Mathemacy 等。数学素养的内涵在不同国家也略有差异，比如：美国数学教师协会 NCTM 于 1989 年在《学校数学课程与评价标准》中，将数学素养内涵概括为："能理解数学价值、对自己的数学能力有信心、成为数学问题解决的能手、学会数学交流、学会数学推理。"① 在《面向 21 世纪的基础数学》报告中又指出："现代数学素养包含数学知识、数学思维、数学方法、数学思想、数学技能、数学能力、个性品质七个方面的内容"②。美国 2010 年颁布的《州共同核心数学标准》CCSSM 提出作为数学教学重要基础的八个素养：理解问题并能坚持不懈地解决问题；抽象、量化地推理；构建切实可行的论证，评判他人的推理；建立数学模型；策略地使用适合的工具；关注精确性；寻求并使用结构；在重复推理中，探求并表征规律。③

英国著名的科克罗夫特(Cockcroft)报告于 20 世纪 80 年代指出，数学素养就是自信地处理家庭、工作场所和社区等日常生活中问题所需要的数学能力。包括运用数字和数学技能处理在家庭和日常生活中实际问题的能力；运用数学语言，如曲线、图表、百分比表达信息的能力。④

澳大利亚数学教师协会于 1997 年提出，数学素养是有效地应用数学来满足家庭生活、工作岗位、参与社区和公民生活的需要。包括在特殊情境中使用数学的能力和

---

① National Council of Teachers of Mathematics. Curriculum and Evaluation Standards for School Mathematics [M]. Reston, VA: Author, 1989.

② 胡典顺. 数学素养研究综述[J]. 课程·教材·教法，2010(12).

③ NGA. CCSSO. Common Core State Standards for Mathematics [EB/OL]. http://corestandards.org/the standards/mathematics. 1-93，2010-03-06.

④ Cockcroft Committee. Mathematics Counts: A Report into the Teaching of Mathematics in Schools [M]. London: Her Majesty's Stationery Office, 1982.

气质、为解决真实问题选择数学的能力、跨越课程的数学概念和技能、数学思考和策略、合理情境的欣赏。2000年，澳大利亚全球生活技能调查中，用一种更综合的方式把数学素养定义为："人们用来有效处理生活与工作过程中出现的数量问题所需的技能、知识、信念、气质、思维习惯、交流能力、问题解决能力的聚合。"①

德国的数学教育标准提出的数学素养包括：数学论证；数学地解决问题；数学建模；数学表征的应用；数学符号、公式以及技巧的熟练掌握；数学交流。②

PISA2002年指出，数学素养是"个体识别和理解数学在世界中所起作用的能力，作出有根据的数学判断的能力，以及作为一个关心社会、善于思考的公民，为了满足个人生活需要而使用和从事数学活动的能力"③。随着认识的深化，PISA本身也在不断发展，比如，"PISA对学习参与度（投入程度）的重视程度越来越高，最初是作为影响能力的因素来考虑，现在已经作为素养的重要组成部分，并且把培养参与度作为与培养能力同样重要的教育目标"④。

这表明数学素养不仅具有文化相关性，而且是一个动态发展的概念，在不同文化背景、不同时代背景下，对数学素养的理解有一定差异。国际上对数学素养的认识既存在共性，也因文化背景不同而有差异。这是人们对数学素养认识不同的一个重要原因。

即使在相同的文化背景下，对数学素养的认识也不统一。比如，就我国学者而言，桂德怀、徐斌艳认为，数学素养是数学情感态度价值观、数学知识、数学能力的综合体现⑤；蔡上鹤指出，数学素养的结构是多方位的，基本的有下列四个：1. 知识技能素养；2. 逻辑思维素养；3. 运用数学素养；4. 唯物辩证素养。⑥ 王子兴认为，数学素养涵盖创新意识、数学思维、数学意识、用数学的意识、理解和欣赏数学的美学价值等五个要素。⑦ 顾沛指出，数学素养，是通过数学教学赋予学生的一种学数学、用数学、创新数学的修养和品质，也可以叫数学素质，主要包括主动探寻并善于抓住数学问题中的背

---

①⑤ 桂德怀，徐斌艳. 数学素养内涵之探析[J]. 数学教育学报，2008(5).

② 徐斌艳. 关于德国数学教育标准中的数学能力模型[J]. 课程·教材·教法，2007(9).

③ OECD: PISA 2003 Mathematics Literacy Framework. 2002.

④ 陆璟. PISA研究的政策导向探析[J]. 教育发展研究，2010(8).

⑥ 蔡上鹤. 谈谈数学素养[J]. 人民教育，1994(10).

⑦ 王子兴. 论数学素养[J]. 数学通报，2002(1).

景和本质的素养；熟练地用准确、严格、简练的数学语言表达自己的数学思想的素养等五个方面。[①] 郑强把"数学素养"界定为："在数学课程学习过程中，学习者通过数学学习，加深对数学知识的理解，内化数学文化的成果，最终在学习者身上体现的一种时代价值或自己达到的新水平，同时能够主动将数学理论应用于生产、生活实践"[②]。蔡金法等认为，"数学素养应该是人的一种思维习惯，能够主动、自然、娴熟地用数学进行交流、建立模型解决问题；能够启动智能计算的思维，拥有积极的数学情感，做一个会表述、有思想的、和谐的人。也就是说，数学素养至少包含着数学交流、数学建模、智能计算、数学情感四个方面"[③]。

综合来看，关于数学素养的研究具有以下特点：

其一，在理论层面，学界对数学素养的认识并不完全相同，有数学素养的五要素说[④]，数学素养的多方位结构说[⑤]，还有数学素养的广义狭义说[⑥]，观点百花齐放；同时，研究结论得出的方法也有不同，有些研究直接引用别人的观点；有些研究主要基于自己的经验认识；有些研究主要从素养或素质的概念方面演绎数学素养；有些研究通过数学学习活动解释数学素养；有些研究则从社会发展角度分析数学素养。由此启发我们，有必要进一步扩大研究视角，采用科学的研究方法，全方位、立体化地研究数学素养，深刻揭示数学素养的内涵。

其二，在实践层面，关于数学素养的研究主要源于丰富的一线教学实践，经验认识成分较大，"基本上仍属于实践经验的罗列，当然，还有一些所谓的策略在本质上甚至可称之为教师个人主观臆断的产物，已事实上丧失了理论与实践的品格"。而且，"研究的方法有待进一步改进，研究的水平有待进一步提高"。[⑦] 这表明，关于数学素养的实践研究不是基于数学素养内涵理论指导下的教学实践，缺乏对数学素养的本质认识。也正因为如此，在我国还缺少有影响的提高数学素养的实践研究。因此，有必要

---

① 顾沛. 十种数学能力和五种数学素养[J]. 高等数学研究，2001(1).

② 郑强. 论数学素养及其在数学课程中的价值体现[J]. 曲阜师范大学学报(自然科学版)，2005(2).

③ 蔡金法，徐斌艳. 也论数学核心素养及其构建[J]. 全球教育展望，2016(11).

④ 王子兴. 论数学素养[J]. 数学通报，2002(1).

⑤ 蔡上鹤. 谈谈数学素养[J]. 人民教育，1994(10).

⑥ 王乃涛. 内涵和价值：有待厘清的数学素养[J]. 江苏教育，2009(1).

⑦ 潘小明. 关于数学素养及其培养的若干认识[J]. 数学教育学报，2009(2).

进一步开展先进理论指导下的提高学生数学素养的实践研究，促进教学实践由简单的经验总结过渡到理论指导下的自觉实践。

其三，更进一步看，几乎所有研究都将数学素养作为一个褒义词，强调数学素养的重要性，其重要原因在于数学的重要性。那么，数学之于人的全面发展一定是积极的吗？是否所有人都必须具备研究者所提出的数学素养？一味强调数学素养是否就一定会促进人的发展？要回答这一系列问题，有必要进一步从数学活动的本质认识数学素养，理性开展教学实践活动。

理论与现实中的这些问题，都要求我们进一步全面深刻地认识数学素养，进一步开展提高学生数学素养的实践探索。没有理论指导的实践是盲目的，没有实践基础的理论是空洞的。因此，理论的实践解读与实践的理论反思，促进理论与实践的互动，是进一步深化数学素养研究的基本路向。有鉴于此，我们将沿着以下路径开展研究：

首先，对大量文献资料进行加工提炼，包括美国NCTM颁布的数学课程标准和数学课程焦点、OECD国际学生评价项目PISA的数学素养，重点探讨《全日制义务教育数学课程标准（实验稿）》《义务教育数学课程标准（2011年版）》《普通高中数学课程标准（实验）》等指导性文献中数学素养的体现，采用科学的研究方法，从数学性、全球性、本土性、文化性、现代性等多维视域，从数学、社会、教育等方面，立体化、全方面地揭示新课程背景下学生数学素养的内涵。

其次，聚焦于学生的数学素养，以科学建构的数学素养为理论依据，着眼于调查内容、调查主体两个方面，从数学活动的知识成分和观念成分入手，考虑学生个体差异，考察不同学段学生在数学问题、数学思想方法、数学语言等方面的知识素养，以及部分学生对数学、数学学习的认识等方面的观念素养，刻画出我国学生数学素养的现实样态。

再次，聚焦于数学课堂教学，以诊断问题、找出症结、提出改进方案为主要目的，通过数学课堂观察等方法，以数学素养理论为指导，着眼于教师的教、学生的学，深入考察数学课堂教与学的现状，揭示数学课堂教学的显性特征，指出当前数学课堂教学在培养数学素养方面存在的问题。

最后，依据学生数学素养的现状以及数学课堂教学的现状，以“既要明确肯定数学的‘善’，努力提高学生的数学素养；又要认识到数学的‘恶’，理性开展培养学生数学素养的实践”为指导原则，立足于数学课堂实施改革，针对数学素养培养存在的问题，聚焦于数学课堂教学活动，探讨提高学生数学素养的教学策略。

1.4 历史与逻辑的统一：数学素养的研究原则

“人类对客观世界的正确认识以及在此基础上建立起来的各门科学知识体系，都离不开历史和逻辑相统一的原则。”“它既适用于对大自然的认识，也适用于对社会历史的认识，既适用于对宏观事物的认识，也适用于对某一具体事物和某个人的微观认识。”也就是说，“科学的认识和方法论要求把历史与逻辑辩证地结合起来”①，历史与逻辑相统一是科学研究的基本要求，有助于人们正确地把握事物内部和事物之间各种复杂的关系，深刻地认识事物的本质和规律。

因此，研究数学素养应坚持历史与逻辑相统一的原则，也就是说，对数学素养的认识不仅要重视实际发生的数学教学，关注数学素养产生的历史背景，从历史发展中、教学实践中阐释数学素养，还应以先进理论为逻辑起点，揭示数学素养历史发展过程的规律性，在先进理论指导下进行逻辑建构。仅仅着眼于词源的逻辑演绎，容易导致形式主义；而仅仅关注于经验总结，则容易陷入经验主义。研究数学素养，需要从历史发展中、教学实践中阐释数学素养，在先进理论指导下建构数学素养。在此基础上展开的实践研究才会由经验总结过渡到理论指导下的自觉实践，从而提高教学实践的理论性和自觉性。

因此，坚持历史与逻辑相统一的原则，才能使构建的数学素养有实践根基，开展的实践探讨有理论依据，由此实现理论与实践的互动。

---

① 文大稷. 试论历史与逻辑相统一的方法[J]. 学校党建与思想教育，2010(35).

第2章　应然之思：数学素养的科学建构

数学素养已经成为世界各国数学教育课程改革的关键词，也成为国际数学教育研究的重要课题。在这一热点领域中，数学素养的内涵是学者们极为关注的重要问题。围绕这一问题，国内外学者开展了积极探讨，取得了一系列成果。同时我们也看到，观点的百花齐放在表明研究繁荣的同时，也反映了学界对数学素养内涵理解的不同以及认识上的差异，难免有“公说公有理”之嫌，使人产生认识模糊的印象。

提高学生数学素养建立在对数学素养本身的理解之上，厘清数学素养的内涵是实施数学课程改革的关键。为此，本章首先指明理解数学素养的维度，从多维视域，全方位、立体化地揭示数学素养的内涵。

2.1　数学素养建构的维度

2.1.1　研究数学素养的多维视域

一、数学性

首先，对数学素养的研究要体现数学性。考察关于已有数学素养的界定，可以发现，虽然对什么是数学素养尚无统一认识，但是学界却对以下观点达成共识，即数学素养是通过数学学习活动获得的，是不同于其他学科学习所获得的素养，也就是说，数学素养是关于“数学”的素养。在此意义下，对数学素养的理解必须建立在数学学科本质的基础上。例如，如果将数学理解为是一门计算科学，那么数学运算则成为学生应该具备的重要的数学素养；如果将数学作为科学技术的基础工具，那么必然强调数学是科学的语言，相应地，运用数学语言解决现实问题，收集数据、处理数据都是学生应该具备的数学素养。

由于数学观是动态发展的，因此必须基于对现代数学科学本身的认识，以数学的现代发展为依据，在现代数学观指导下建构数学素养。

二、全球性

全球化已经渗透到世界每个角落，给各个国家带来相同的机遇和挑战，世界各国也面临许多相同的问题和困难，都在开展适应全球化趋势的数学教育改革。可以说，各国数学教育已成为一个相互依存的体系，正体现出一种世界范围的共性。当然，这种共性也体现在对人才的需求上，各国都在努力培养能够适应全球化、利用全球化、引领全球化的人才。当前，具有数学素养已经成为全球化背景下世界合格公民的基本要求，提高学生的数学素养已成为世界各国数学教育改革的共同追求。正是这种共性，使得在全球化背景下研究数学素养成为必要与可能。他山之石，可以攻玉，研究数学素养不能闭门造车，而应纳入到全球视域中考察，需要从这些共性中揭示教育全球化背景下数学素养的内涵，从而更加理性地在全球化背景下进行数学课程改革。

三、本土性

数学教育与社会文化背景是紧密相连的，这是不以人的意志为转移的数学教育规律。而各国社会文化背景存在很大差异，就决定了各国数学教育不仅存在共性，也存在很大差异。对数学素养的认识与研究也如此。事实上，国际上关于数学素养的用词很多，如英国常用 Numeracy，美国常用 Mathematical Literacy，Mathematical Proficiency，PISA 的数学素养则用 Mathematical Literacy。可见，对数学素养的认识因文化背景不同而有差异，因此，探讨数学素养的内涵不仅要在全球背景下开展，还必须结合本土国情。照搬国外或国际流行的东西往往会消化不良，阻碍数学教育的健康发展。

四、文化性

仅仅关注数学学科本身，容易导致学科至上的弊端。如果以数学学科的发展为最终目的，将数学素养定位于培养数学家的素养，就与“为了每一个学生的发展”的课程改革理念以及“大众数学”的教育思想相违背。

我们还应看到，数学是人类文化的一个重要组成部分，是人类文化的子文化。数学在培养人的理性精神、创新精神等方面有重要意义。基础教育数学课程改革将数学素养作为现代公民必须具备的素养，“其基本立场已经由唯一考虑数学的相关问题(如学生的数学知识结构、数学研究能力的培养等)转为重视如何培养出社会的合格公民，如何更好地发挥数学对于培养未来社会合格公民(不只是数学家或可能用到数学的工程技术人员)的重要作用”[①]。这正是对数学文化功能的重视。因此，从系统论的观点来看，探讨数学素养不能仅仅看到“数学”本身，只注重数学科学的现代发展，还应将数学作为人类文化的一个重要组成部分来研究，从文化视角审视数学素养的内涵，体现数学的文化价值，揭示数学学习对促进人的全面发展的作用。

五、现代性

显然，对数学素养的研究还要体现时代特征。数学素养是一个动态发展的概念，理解数学素养必须立足于当前时代背景，与时俱进地认识数学素养，揭示新时代背景下数学素养的内涵。

21 世纪是知识与信息的时代，信息技术的普及与发展，给数学教育带来深刻影响，以多媒体计算机和网络为代表的信息技术将改变人们对数学内容、形式、应用、人文价值以及评价的认识与看法，也必将对学生的数学素养产生重大影响，数学的基础知识、基本技能、学生应具备的数学能力等方面的内涵也在发生变化。比如，算法、概率、统计、导数等内容成为信息社会学生必须具备的基础知识；除了传统的运算技能外，学生还应该具备正确、自信、适当地使用计算器或计算机的技能，同时弱化查表技能；在信息社会背景下，学生还应具备收集信息和获取资料的能力，具备合理运用各种数学教育技术平台进行数学探索和发现的能力。因此，构建数学素养的内涵必须考虑时代背景，探讨现代社会学生所应具备的数学素养。

2.1.2　理解数学素养的立体维度

通过以上对研究数学素养的多维视域的讨论，我们明确了，研究数学素养必须着眼于多维视域，通过数学性、全球性、本土性、文化性、现代性等多维视角，能够从不同角度揭示数学素养的特性。同时我们也应看到，局限于某一方面的研究都是较为零散

---

① 郑毓信. 数学教育哲学的理论与实践[M]. 南宁：广西教育出版社，2008：34.

的，给出的是数学素养的一个侧面，难以从整体上把握数学素养的本质。

要切实解决问题，不仅需要立足于数学性与文化性、全球性与本土性、传统性与现代性，还需从更根本的方法论角度进一步思考问题，着眼于研究方法以及研究内容，深刻认识数学素养，全方位、立体化地揭示数学素养的内涵。

一、研究方法：定性与定量的结合

方法是联结起点与目的的中介。教育研究方法是研究教育问题所要达到的某种目的所采用的手段、措施、程序、途径。研究方法服从于研究目的，也受到具体研究的性质、特点的制约。同时，它也在很大程度上影响着研究的价值。本文的主要目的是揭示数学素养的含义，了解当前学生数学素养的状况，剖析数学课堂教学的现状，在此基础上给出相应的提高学生数学素养的教学对策。基于此，本文主要综合运用多种方法，注重定量研究与定性分析的有效结合，研究思路和方法具体如下：

首先，通过文献研究，了解已有的关于数学素养的相关研究。西方著名学者波普尔（K. Popper）指出："设法去了解人们现在在科学上讨论些什么，找出困难所在，把兴趣放在不一致的地方，这些就是你应该从事研究的问题。"别人已经做了什么？做到什么程度？是从什么角度进行研究的？还有哪些需要进一步研究的？以此为基础，科学构建数学素养理论。其次，通过调查研究，以构建的数学素养为理论依据，科学设计调查问卷，全面了解新课程背景下学生所具有的真实的数学素养。再次，通过课堂观察，深入一线数学课堂，开展一系列教学研讨活动，了解当前数学课堂发生的真实教学。最后，通过行动研究，高校教师与一线教研员、一线教师合作，在行动中为改进教学进行有计划、有步骤、有反思的实践探索，以提高学生的数学素养。

二、研究内容：数学与教育的统一

数学教育的基本矛盾是数学教育的"数学方面"与"教育方面"的矛盾。[1] 数学方面是指数学教育应当正确地体现数学的本质，教育方面是指数学教育应当充分体现教育的社会目标并符合教育的规律。前者表明了数学教育相对于一般教育的特殊性，后者表明了数学教育同一般教育的共性，二者的对立统一促进了数学教育的发展。

因此，认识数学教育现象、研究数学教育问题，也应关注这一基本矛盾，通过这一

---

① 郑毓信. 数学教育哲学[M]. 成都：四川教育出版社，2001：229.

基本矛盾，能够更透彻地深入了解数学教育现象。对数学素养的深入研究，也必须从数学方面和教育方面进行深入剖析。

首先，数学素养是关于"数学"的素养，是数学本质对人的发展的体现，研究数学素养应充分反映数学的本来面目，以现代数学观为指导进行建构。

这里，以现代数学观为指导研究数学素养，是着眼于数学素养的客体，同时，我们还应明确数学素养的主体。显然，教师所具有的数学素养与学生所具有的数学素养不同，小学生所具有的数学素养与中学生也不同。因此，我们不能笼统地谈论数学素养，而应指明"谁的"数学素养，以现代教育理论为指导，根据不同主体的认知水平，探讨相应的数学素养。这正是数学教育基本矛盾中"教育方面"的体现。

进一步地看，由于现代数学观反映了数学科学的最新发展，全面揭示了数学的科学价值、应用价值、文化价值和审美价值，把数学看成人类的一种创造性活动，看成人类文化的产物，因此，以现代数学观为指导进行建构，不仅保证了数学素养的学科特点，而且很大程度上反映了数学素养的现代性、全球性、文化性等特点。同时，由于新一轮数学课程改革是建立在充分的国际比较的基础上的①，诸如，"国际数学课程改革的特点与启示""数学课程发展的国际比较"，分别是研制《全日制义务教育数学课程标准（实验稿）》和《普通高中数学课程标准（实验）》的基础性工作。因此，着眼于数学素养的历史发展，揭示数学素养产生的社会背景，探讨新课程改革理念中的数学素养，不仅充分体现了数学素养的现代性，而且较好地反映了数学素养的全球性、本土性特点。

以上表明，着眼于研究方法和研究内容，关于数学素养的建构超越不了"社会—数学—教育"这三个至关重要的维度。也就是说，研究数学素养，应综合考虑数学素养产生的社会背景、现代数学的发展，并符合数学素养主体的认知水平。

郑毓信先生指出，数学教育应当适应时代的进步，即：数学教育必须与社会的进步相适应；与数学的发展相适应；与教育科学研究的深入相适应。② 由此看来，我们建构数学素养的三个维度正好与数学教育的时代性原则相吻合。这从另一角度进一步印证了我们从"社会—数学—教育"这三个维度建构数学素养的合理性。

---

① 吴晓红. 数学教育国际比较的方法论研究[M]. 广州：广东教育出版社，2007：289.
② 郑毓信. 数学教育哲学[M]. 成都：四川教育出版社，2001：245.

唯有立足于现代数学观，才能保证数学素养的学科特点，反映数学素养的数学性和现代性，正确发挥数学之于人的发展的意义；唯有明确数学素养产生的社会背景，才能明确数学素养的来龙去脉，进而培养出符合社会需要的现代公民，构建出全球与本土相融合的现代的数学素养；唯有关注教育，才能科学实施数学教学，真正体现数学性与文化性相融合的数学素养，促进学生数学素养的全面提高。

2.2 新课程背景下的学生数学素养

下面，我们将根据历史与逻辑相结合的原则，兼顾社会、数学、教育等方面的发展，从内涵、要素、体现、培养等方面，全面探讨新课程背景下的学生数学素养。

2.2.1 数学素养的内涵：课程改革的隐性目标

数学素养已成为世界数学教育界探讨的热点话题，但“数学素养”一词于1992年才首次出现在《九年义务教育全日制初级中学数学教学大纲（试用）》中：“使学生受到必要的数学教育，具有一定的数学素养，对于提高全民族素质，为培养社会主义建设人才奠定基础是十分必要的。”[①] 其后又出现在1996年颁布的《全日制普通高级中学数学教学大纲（供试验用）》、2000年颁布的《九年义务教育全日制初级中学数学教学大纲（试用修订版）》和《全日制普通高级中学数学教学大纲（实验修订版）》）以及2001年以来颁布的“数学课程标准”中。

何以提出“数学素养”？虽然“数学素养”是“92大纲”首先提出，并多次出现在不同版本的教学大纲中，但1986～2000年间颁布的数学教学大纲有很大的共性，就初中数学教学大纲而言，“实际只有1种”[②]。考察我国数学教学大纲的演变过程可以看出，1993年颁布的《中国教育改革和发展纲要》（以下简称《纲要》）和1999年中共中央、国务院作出的《关于深化教育改革全面推进素质教育的决定》（以下简称《决定》）以及1998年国务院颁布的《面向21世纪教育振兴行动计划》（以下简称《行动计划》）等

---

① 课程教材研究所. 20世纪中国中小学课程标准·教学大纲汇编（数学卷）[M]. 北京：人民教育出版社，2001.

② 蔡上鹤. 建国以来初中数学教学大纲的演变和启示[J]. 数学通报，2005(3).

文件，都是制订、修订大纲的重要依据①。其中，《纲要》指出："基础教育是提高民族素质的奠基工程，必须大力加强。""中小学要由'应试教育'转向全面提高国民素质的轨道，面向全体学生，全面提高学生的思想道德、文化科学、劳动技能和身体心理素质，促进学生生动活泼地发展。"《决定》指出，"全面推进素质教育，培养适应 21 世纪现代化建设需要的社会主义新人"。而《行动计划》是"跨世纪素质教育工程"，"整体推进素质教育，全面提高国民素质和民族创新能力"是实施"跨世纪素质教育工程"的基本目标。

可见，"数学素养"是全面实施素质教育这一时代背景下的产物。数学教育改革的历史表明，数学素养与素质教育是分不开的，数学素养是在数学教育中贯穿素质教育思想的必然产物。在此意义下，提高学生的数学素养就是针对应试教育的诸多弊端(比如只注重知识而忽视创造能力、只强调机械训练而忽视主动探究、学生被动学习而缺乏学习兴趣等等)提出的。而实施素质教育是面向 21 世纪教育改革与发展的根本目的，以提高学生的数学素养为数学教育改革的根本目标，是实现提高全民素质这一大的教育目的的一个学科性目标。通过数学学科的学习，使学生的数学素养得以提高，促进学生的全面发展，进而提高全民素质。也就是说，数学素养就是数学教育改革的根本目标。

之后，"数学素养"频繁出现于数学课程改革的相关文件中。2001 年颁布的《基础教育课程改革纲要(试行)》标志着我国新一轮课程改革的开始，该纲要明确指出，全面推进素质教育是课程与教学改革的目标，新课程改革的核心目的是培养全面发展的人。以此为指导的"数学课程标准"也相应地将"数学素养"纳入其中。如 2003 年颁布的《普通高中数学课程标准(实验)》指出："基础教育数学课程的基本目标就是要提高学生的数学素养。"《义务教育数学课程标准(2011 年版)》也指出："数学是人类文化的重要组成部分，数学素养是现代社会每一个公民所必备的基本素养。"②《普通高中数学课程标准(2017 年版)》更是将数学素养作为贯穿于课程标准始终的一个关键词，在"课程性质"中明确指出："数学在形成人的理性思维、科学精神和促进个人智力发展的过程中发挥着不可替代的作用。数学素养是现代社会每一个人应该具备的基本素养。"③ 将"学生发展为本，立德树人，提升素养""重视过程，聚焦素养，提高质量"作为

---

① 蔡上鹤. 建国以来初中数学教学大纲的演变和启示[J]. 数学通报，2005(3).
② 中华人民共和国教育部. 义务教育数学课程标准(2011 年版)[S]. 北京：北京师范大学出版社，2012：1.
③ 中华人民共和国教育部. 普通高中数学课程标准(2017 年版)[S]. 北京：人民教育出版社，2017：1.

重要的“基本理念”。

因此，数学素养是我国新一轮数学课程改革的根本目标，或者说，新课程背景下的数学素养承载着培养目标的重任，汇聚了人们对数学教育的期望。在此意义下，数学课程标准不是没有界定数学素养，而是将数学素养隐含在课程目标中：数学素养是三维目标的汇聚体，三维目标是数学素养的明确体现，而数学学科核心素养则“是数学课程目标的集中体现”①。

反映在义务教育阶段，数学素养具体表现为：知识与技能、数学思考、问题解决、情感态度；反映在普通高中阶段，数学素养表现为：基础知识与基本技能、数学能力、数学意识以及数学情感态度价值观，是具有数学基本特征的思维品质、关键能力以及情感、态度与价值观的综合体现。

也就是说，通过义务教育阶段的数学学习，学生的数学素养得到提高，“获得适应社会生活和进一步发展所必需的数学的基础知识、基本技能、基本思想、基本活动经验。体会数学知识之间、数学与其他学科之间、数学与生活之间的联系，运用数学的思维方式进行思考，增强发现和提出问题的能力、分析和解决问题的能力。了解数学的价值，提高学习数学的兴趣，增强学好数学的信心，养成良好的学习习惯，具有初步的创新意识和实事求是的科学态度”②。

通过普通高中阶段的数学学习，学生的数学素养得到提高，体现为：“获得必要的数学基础知识和基本技能，理解基本的数学概念、数学结论的本质，了解它们产生的背景、应用和在后继学习中的作用，体会其中的数学思想和方法；提高空间想象、抽象概括、推理论证、运算求解、数据处理等基本能力；在以上基本能力的基础上，初步形成数学地提出、分析和解决问题的能力，数学表达和交流的能力，逐步地发展独立获取数学知识的能力；发展数学应用意识和创新意识，力求对现实世界中蕴涵的一些数学模式作出思考和判断；提高学习数学的兴趣，树立学好数学的信心，形成锲而不舍的钻研精神和科学态度；具有一定的数学视野，初步认识数学的应用价值、科学价值和文化价值，逐步形成批判性的思维习惯，崇尚数学的理性精神，从而进一步树立辩证唯物主义世界观。”③

---

① 中华人民共和国教育部. 普通高中数学课程标准(2017 年版)[S]. 北京：人民教育出版社，2017：4.
② 中华人民共和国教育部. 义务教育数学课程标准(2011 年版)[S]. 北京：北京师范大学出版社，2012：8.
③ 中华人民共和国教育部. 普通高中数学课程标准(实验)[S]. 北京：人民教育出版社，2003：11.

特别是，应将提升学生的数学学科核心素养作为高中数学教学基本理念，在数学学习和应用的过程中，学生逐步形成和发展数学抽象、逻辑推理、数学建模、直观想象、数学运算和数据分析等数学学科核心素养。即通过高中数学课程的学习："学生能在情境中抽象出数学概念、命题、方法和体系，积累从具体到抽象的活动经验；养成在日常生活和实践中一般性思考问题的习惯，把握事物的本质，以简驭繁；运用数学抽象的思维方式思考并解决问题。""学生能掌握逻辑推理的基本形式，学会有逻辑地思考问题；能够在比较复杂的情境中理清事物之间的关联，把握事物发展的脉络；形成重论据、有条理、合乎逻辑的思维品质和理性精神，增强交流能力。""学生能有意识地用数学语言表达现实世界，发现和提出数学问题，感悟数学与现实之间的关联；学会用数学模型解决实际问题，积累数学实践的经验；认识数学模型在科学、社会、工程技术诸多领域的作用，提升实践能力，增强创新意识和科学精神。""学生能提升数形结合的能力，发展几何直观和空间想象能力；增强运用几何直观和空间想象思考问题的意识；形成数学直观，在具体的情境中感悟事物的本质。""学生能进一步发展数学运算能力；有效借助运算方法解决实际问题；通过运算促进数学思维发展，形成规范化思考问题的品质，养成一丝不苟、严谨求实的科学精神。""学生能提升获取有价值信息并进行定量分析的意识和能力；适应数字化学习的需要，增强基于数据表达现实问题的意识和能力；适应数字化学习的需要，增强基于数据表达现实问题的意识，形成通过数据认识事物的思维品质；积累依托数据探索事物本质、关联和规律的活动经验。"①

2.2.2　数学素养的构成要素：知识素养和观念素养

数学素养的基本内涵是课程目标，但仅从目标上认识还较为笼统，要深刻理解数学素养，还需进一步将其具体化，明确数学素养的构成要素。

由于数学素养是通过数学学习活动获得的，不同于其他学科素养，所以探讨新课程背景下的数学素养就应该在现代数学观指导下认识数学素养的构成。

一般来说，数学观是人们对数学总的认识和看法。不同历史时期、不同个体对数

---

① 中华人民共和国教育部. 普通高中数学课程标准（2017 年版）[S]. 北京：人民教育出版社，2017：4—7.

学有着不同的认识，也就有着不同的数学观。

古希腊时期，针对数学对象的实在性问题，柏拉图持有数学实在论的观点，认为：数学对象是一种共相；数学命题是关于理念世界的知识，数学对象是理念世界中的存在，即认为数学对象是一种不依赖于人的思维的独立存在。而亚里士多德持有反实在论观点，认为数学对象不应被看成独立于感性事物的真实存在，它是人类抽象思维的产物，是一种抽象的存在。

在1890～1940年，围绕数学基础问题，形成了数学基础三大学派。以罗素为代表的逻辑主义认为，算术理论不能看成是全部数学的最终基础，数学的基础在于逻辑。以布劳威尔为代表的直觉主义认为，数学悖论的出现说明数学本身有问题，说明已有的数学理论并不都是可靠的，必须按照某种更为严格的要求进行审查。审查的标准或者可靠的基础不在于思维以外的客观世界，而在于思维本身，即把数学看成是一种纯粹的心智活动。以希尔伯特为代表的形式主义指出，数学的可靠成分是有限数学，数学基础研究的主要任务就是通过给非有限的数学以形式的解释，把全部数学建立在有限数学基础上。整体来看，数学基础三大学派持有静态的绝对主义的数学观，认为通过自己的研究工作可以一劳永逸地解决问题。如果将数学建立在基础上，数学就成为无可怀疑的真理，数学的发展就是这些真理在数量上的累积。随着哥德尔不完备定理的出现，人们对数学基础又有了新的认识。

可见，随着时代的发展、认识的深化，人们的数学观会有差异。探讨当前学生的数学素养，需要将其置于当前数学课程改革的大背景、大环境中。

就新一轮数学课程改革而言，《全日制义务教育数学课程标准（实验稿）》对数学作了如下的描述："数学是人们生活、劳动和学习必不可少的工具，能够帮助人们处理数据、进行计算、推理和证明，数学模型可以有效地描述自然现象和社会现象；数学为其他科学提供了语言、思想和方法，是一切重大技术发展的基础；数学在提高人的推理能力、抽象能力、想象力和创造力等方面有着特殊的作用；数学是人类的一种文化，它的内容、思想、方法和语言是现代文明的重要组成部分。"①《义务教育数学课程标准

① 中华人民共和国教育部. 全日制义务教育数学课程标准（实验稿）[S]. 北京：北京师范大学出版社，2001：1.

(2011年版)》进一步明确指出:“数学与人类发展和社会进步息息相关,随着现代信息技术的飞速发展,数学更加广泛应用于社会生产和日常生活的各个方面。”数学“不仅是自然科学和技术科学的基础,而且在人文科学与社会科学中发挥越来越大的作用”,“数学是人类文化的重要组成部分”。①《普通高中数学课程标准(实验)解读》指出:“我们要用动态的、多元的观点来认识数学,要认识数学的一些基本要素,如数学有两个侧面,即数学的两重性——数学内容的形式性和数学发现的经验性。”“数学是一门有待探索的、动态的、进化的思维训练,而不是僵化的、绝对的、封闭的规则体系;数学是一种科学,而不是一堆原则,数学是关于模式的科学,而不是仅仅关于数的科学。”②《普通高中数学课程标准(2017年版)》进一步明确了数学课程的价值:“数学直接为社会创造价值,推动社会生产力的发展。”“数学在形成人的理性思维、科学精神和促进个人智力发展的过程中发挥着不可替代的作用。数学素养是现代社会每一个人应该具备的基本素养。”同时,还特别指明了数学教育的任务:“数学教育承载着落实立德树人根本任务、发展素质教育的功能。数学教育帮助学生掌握现代生活和进一步学习所必需的数学知识、技能、思想和方法;提升学生的数学素养,引导学生会用数学眼光观察世界,会用数学思维思考世界,会用数学语言表达世界;促进学生思维能力、实践能力和创新意识的发展,探寻事物变化规律,增强社会责任感;在学生形成正确人生观、价值观、世界观等方面发挥独特作用。”③

可见,新课程对数学的认识是全面的、多方位的。从本体论角度看,新课程既强调数学对象的客观性,数学与现实生活的密切相关性,又指出数学是人类创造的产物,是学生依据已有知识的主动建构的产物;从认识论角度看,新课程既指出了数学演绎性的一面,也提出了数学经验性的一面,既认为数学发展的动力是社会现实的需要,也认为来自数学内部的问题是数学发展的动力,强调归纳与演绎是数学发展的两翼;就数学的价值而言,新课程既指出了数学的工具价值、科学价值,也强调了数学所具有的文化价值④……

---

① 中华人民共和国教育部.义务教育数学课程标准(2011年版)[S].北京:北京师范大学出版社,2012:1.
② 数学课程标准研制组.普通高中数学课程标准(实验)解读[M].南京:江苏教育出版社,2004:304.
③ 中华人民共和国教育部.普通高中数学课程标准(2017年版)[S].北京:人民教育出版社,2017:1.
④ 吴晓红,郑毓信.新课程背景下学生数学素养探析[J].中国教育学刊,2012(4).

因此，新一轮数学课程改革倡导动态的、多元的、辩证的数学观，将数学看作是人类的一种创造性活动；明确肯定数学的辩证性质（诸如数学的模式化与具体化、数学的形式与非形式方面、逻辑与直觉、统一性与多样化、一般与特殊等）；将数学看作是整体性人类文化的子文化，等等。

在此意义下，数学学习内容不仅仅表现为公式定理等数学活动的成果，还包括数学问题、方法、语言等数学创造性活动的不同环节，通过数学学习，不仅要掌握知识，还要形成数学观。因此，学生的数学素养应包括数学的知识素养（问题、方法、语言、理论等）和观念素养，同时，我们应将它们看作一个综合体，并从辩证的角度理解这些要素。具体阐述如下。

数学问题素养：具有问题意识，能够数学地发现问题、提出问题、分析问题、解决问题；

数学方法素养：掌握数学思想方法，能正确运用逻辑推理以及合情推理方法解决数学问题；

数学语言素养：理解并掌握数学语言，具备数学表达与交流的能力；

数学知识与技能素养：掌握由数学概念和命题组成的整体性的基本理论体系；

数学观念素养：对数学有较为全面的认识，能认识数学的一些基本要素（如数学内容的形式性和数学发现的经验性、逻辑和直觉、分析和构造等），树立动态的、多元的、辩证的数学观。

进一步看，以上对数学素养的认识正是新一轮数学课程改革理念的具体化。

数学问题素养集中体现了课程标准所倡导的四能；数学方法素养是实现数学地思考问题的路径；数学语言素养是沟通数学知识之间、数学与其他学科之间、数学与生活之间联系的桥梁；数学知识与技能素养是获得适应社会生活和进一步发展所必需的数学的基础知识、基本技能、基本思想、基本活动经验的必要载体；数学观念素养是“了解数学的价值，提高学习数学的兴趣，增强学好数学的信心，养成良好的学习习惯，具有初步的创新意识和实事求是的科学态度”的集中体现。

可见，以上对数学素养的认识与数学课程标准的基本理念相一致，是数学课程改革理念的具体化。

2.2.3　数学素养的体现：层次性

一个显然的事实是：小学生所具备的问题意识、数学知识与中学生不同，初中生所具有的数学素养与高中生不同，这就涉及数学素养如何体现，即数学素养在不同学生个体上的具体化问题。

皮亚杰将儿童认知发展过程分为四个阶段：感知运动阶段(0～2 岁)；前运算阶段(2～7 岁)；具体运算思维阶段(7～12 岁)；形式运算阶段(12～15 岁)。这表明，处于不同认知发展阶段的学生有不同的心理特点，他们通过数学学习所获得的知识、能力、情感等方面都存在一定差异，因此不同认知水平的学生所具备的数学素养有一定差异，即数学素养在学生个体上体现出一定的层次性。

例如，在 2001 年颁布的《全日制义务教育数学课程标准(实验稿)》中，就知识而言，对于“数”这一知识的要求是，第一学段的学生应该能够“结合现实素材感受大数的意义，并能进行估计”“能结合具体情境初步理解分数的意义”“能运用数表示日常生活中的一些事物，并进行交流”。第二学段的学生应该具备“在熟悉的生活情境中了解负数的意义，会用负数表示一些日常生活中的问题”“结合现实情境感受大数的意义，并能进行估计”“进一步体会数在日常生活中的作用，会运用数表示事物，并能进行交流”。[①]

就推理能力的发展而言，第一学段的学生应“能够进行有条理的思考”，第二学段的学生要做到“不仅能够有条理地思考，还应当能够向别人解释自己所获得结论的合理性”，第三学段的学生应当能够“尝试通过不同的方式去检验一个猜想的可信性，通过不同类型的推理活动形成一个合乎情理的猜想，能够用比较规范的逻辑推理形式表达自己的演绎推理过程”。[②]

就理解认识数学的价值而言，“第一学段主要让学生感受到身边的很多事物与活动都存在着数学。第二学段则应当给学生创造更多的机会，让他们体会数学对于我们生活的自然与社会所产生的重要作用，介绍一些著名数学家的事迹，让学生感受到数

---

① 刘兼，孙晓天. 全日制义务教育数学课程标准(实验稿)解读[M]. 北京：北京师范大学出版社，2002：193.
② 同上书，第 181 页.

学活动的探索性与创造性。第三学段应当向学生介绍数学在人类发展过程和当代科技领域中的重要作用，让学生在数学活动中体会证明的重要性并学会证明，从理性上认识有关数学结论的正确性”①。

在《义务教育数学课程标准(2011年版)》中，数学素养的层次性也有明确的体现。例如，就“图形的认识”而言：在认识对象上，第一学段要求学生“能根据具体事物、照片或直观图辨认从不同角度观察到的简单物体”“能通过实物和模型辨认长方体、正方体、圆柱和球等几何体”“能辨认长方形、正方形、三角形、平行四边形、圆等简单图形”，等等；在第二学段中，认识的图形增加了线段、射线和直线，对角的认识扩大到了平角、周角，增加了梯形、扇形，对三角形的认识从一般三角形到等腰三角形、等边三角形、直角三角形、锐角三角形、钝角三角形等，同时还增加了圆锥；而在第三学段，除增加了点、平面、菱形外，更多的是对已有图形从整体到局部的认识，如“理解三角形及其内角、外角、中线、高线、角平分线等概念”“理解圆、弧、弦、圆心角、圆周角的概念”等②。

在认识要求上，第一学段的学生应该能够“了解直角、锐角和钝角”；第二学段的学生需要“体会两点间所有连线中线段最短”“了解周角、平角、钝角、直角、锐角之间的大小关系”“了解三角形两边之和大于第三边”；而第三学段的学生则要“会比较线段的长短”“能比较角的大小”。③

不仅数学素养在不同学段的学生个体上有不同表现，即使是同一学段，不同认知水平的学生在数学素养上也有不同层次的表现。例如，就高中阶段学生应该具有的逻辑推理素养而言，“能够在熟悉的情境中，用归纳或类比的方法，发现数量或图形的性质、数量关系或图形关系。”“能够在关联的情境中，发现并提出数学问题，用数学语言予以表达；能够理解归纳、类比是发现和提出数学命题的重要途径。”“能够在综合的情境中，用数学的眼光找到合适的研究对象，提出有意义的数学问题。”④就是三种不同层次的表现。

---

① 刘兼，孙晓天. 全日制义务教育数学课程标准(实验稿)解读[M]. 北京：北京师范大学出版社，2002：187.

② 教育部基础教育课程教材专家工作委员会. 义务教育数学课程标准(2011年版)解读[M]. 北京：北京师范大学出版社，2012：179.

③ 同上书，第180页.

④ 中华人民共和国教育部. 普通高中数学课程标准(2017年版)[S]. 北京：人民教育出版社，2018：101—102.

可见，数学素养具有层次性，笼统地说学生的数学素养是知识、能力与情感态度价值观的统一，或者简单地说数学素养是知识素养和观念素养的综合体，都是较为简单化、抽象化的表述，我们应该根据学生的年龄特征，指明数学素养在知识、方法、语言、情感态度等方面的具体体现。由此开展的提高学生数学素养的数学教学才能更为具体、更有针对性，也更为有效。

2.2.4　数学素养的培养：数学的善与恶

以上对数学素养的揭示，正是社会进步、数学发展以及现代教育理论对人的发展的必然要求。然而，是否意味着掌握了数学知识、数学方法，认识了数学的本质，人的素质就能得到提高？

《普通高中数学课程标准（实验）解读》中指出："在今天的教育制度下，实施素质教育的主渠道还是学科教育，数学课堂就是这样的渠道。"① 这表明，数学教育是实施素质教育的主渠道，数学教育就是利用数学科学的特点，努力促进学生的发展，提高学生的数学素养，进而促进人的全面发展。但同时我们也应看到，仅就学科教育而言，不仅有数学教育，还有语文教育、历史教育、科学教育等，因此，数学素养仅是人的整体素养的一种，过分强调数学素养，而忽视对语文等其他学科素养的培养，是单一的、片面的、恶的，将不利于学生的全面发展。事实上，数学本身的价值也清楚地表明了这一点。

具体地说，数学在形成人类理性思维、促进人类文明进步和个人智力发展的过程中发挥着独特的、不可替代的作用，数学已成为现代社会的一个重要组成部分，是不可缺少的一种思维方式，这正是新课程强调提高学生数学素养的重要原因。

例如，掌握初等函数的学生，能够深刻理解"直线上升""指数爆炸""对数增长"等不同函数类型增长的含义；遇到投资方案、奖励办法等现实中的选择问题时，数学素养高的学生能够从数学视角发现问题的关键，运用数学知识分析问题、解决问题，真正领会函数与现实世界的密切联系及其在刻画现实问题中的作用。

同时，我们也应看到数学的另一面。例如，尽管李约瑟肯定了"数学精神"对近代

---

① 严士健，张奠宙，王尚志. 普通高中数学课程标准（实验）解读[M]. 南京：江苏教育出版社，2004：304—305.

科学产生的重要作用，但其同时也认为这直接导致了“机械的世界观”：“‘新科学’或‘实验科学’的特征，是在现象中找出一些可以度量的因素，并把数学方法应用到这些量的变化规律当中去……这样，量的世界就取代了质的世界。……的确，伽利略的革命推翻了中世纪欧洲人所具有的有机的世界观，而代之以一种实质上是机械的世界观。”① 后现代主义者甚至认为，现代社会正经历着一场与数学和“数学理性”直接相关的“文化危机”，胡塞尔就批评道：“以数学的方式构成的理念存有的世界开始偷偷摸摸地取代了作为唯一实在的，通过知觉实际地被给予的，被经验到并能被经验到的世界，即我们的日常生活世界。”“在几何和自然科学的数学化中，在可能的经验的开放的无限中，我们为生活世界量体裁一件理念的衣服，即所谓客观科学的真理的衣服。……正是这件理念的衣服使我们把只是一种方法的东西当做真正的存有……”②

怀特海在《数学与善》中指出，数学是模式的科学，“一个模式本来既非善，也非恶。但是每一个模式的存在只有通过对经验的理解（实际的理解或概念性的理解）才能决定下来”③。因此，由于对经验的理解不同，数学就有了“善”或“恶”的功能。这里，数学的“善”是指模式的研究对于人类认识活动的积极意义，数学的“恶”是指模式的应用对于认识活动也可能产生消极的影响。

可见，“如果缺乏足够自觉性的话，数学的固有特性可能在各个方面导致消极的后果，包括研究思想、学术态度乃至人生哲学等”④。例如，如果过分强调定量分析，就容易忽视对于事物和对象在整体上的把握以及对于本质的深入分析；如果过分强调数学创造的自由性，就容易造成研究者“闭门造车、孤芳自赏”，甚至是“妄自尊大”。

所以，就数学的文化价值而言，我们不仅应当充分肯定数学的积极作用（数学的“善”），也应清楚地看到并切实防止可能的消极作用（数学的“恶”）。因而，在数学教育中，我们不能简单地一味强调数学素养的培养，而更应树立以下的观念：一方面我们应明确肯定数学的善，充分利用数学科学在发展人方面的优势，努力提高学生的数学

---

① 李约瑟. 中国科学技术史（第 3 卷）[M].《中国科学技术史》翻译小组，译. 北京：科学出版社，1978：353.

② 胡塞尔. 欧洲科学危机与超验现象学[M]. 王炳文，译. 上海：上海译文出版社，2005：58—62.

③ 邓东皋等. 数学与文化[M]. 北京：北京大学出版社，1990：12.

④ 郑毓信. 数学教育哲学的理论与实践[M]. 南宁：广西教育出版社，2008：40.

素养；另一方面，我们也应清楚地认识到一味强调数学素养可能带来的弊端，应该理性开展培养学生数学素养的实践，真正促进学生的全面发展。

充分认识数学的善与恶，不仅深化了对数学素养的认识，也指明了提升学生数学素养的实施要义，为理性开展数学教育实践提供了指导。

第3章　实然之学：学生数学素养的现实图景

为了实现基础教育数学课程改革的目标，提高学生的数学素养，有必要深入了解学生所具有的数学素养以及当前数学教学的状况，特别是学生数学素养所存在的问题。找出问题才能明确前进的方向，在此基础上开展的提高学生数学素养的教学改革才具有较强的有效性及针对性。为此，本章我们首先开展了学生数学素养现状的调查研究。

3.1　调查研究的方法论问题

由前可知，数学素养的基本内涵是三维目标，其构成要素主要包括数学的知识素养和观念素养，并且数学素养在学生个体上体现出不同的层次性。因此，对学生数学素养的调查主要涉及两个维度：一是调查内容维度；二是调查对象维度。

3.1.1　调查内容的设计

学生的数学素养主要包括数学的知识素养（问题、方法、语言、理论等）和观念素养，因此，调查内容主要包括两个方面：数学观念层面和数学知识层面。

在数学观念层面：世界不同学者的研究表明[①]，对“数学是什么”（本质）、“数学是

---

① 黄毅英. 数学观研究综述[J]. 数学教育学报，2002，11(1).

如何习得的"(学)及"数学应怎么教授"(教)的看法直接或间接地影响着学生数学方面的学习表现，影响着他们的学习动机。由于调查的目的主要是为了了解学生所具有的数学观念，因此，数学观念层面重点从学生对数学的认识以及学生对数学学习的认识考察学生的数学素养。

在数学知识层面：数学素养就知识层面而言，主要包括数学问题、方法、语言、理论体系等方面的素养。由于数学理论是数学问题、数学思想方法以及语言的载体，数学问题、方法、语言都以相应的数学知识呈现出来，所以学生在数学问题、方法、语言等方面的素养也就反映了他们对相应数学理论体系的掌握情况。另外，数学发展的过程很大程度上就是"问题的提出→问题的解决→新的问题的提出→……"①的过程，"提出一个问题往往比解决一个问题更为重要"(爱因斯坦语)，而且学生运用数学思想方法解决问题的过程也就反映出学生解决问题的能力，即考察学生运用数学思想方法的能力实际上也就考察了学生解决问题的能力。因此，本文数学知识层面的设计重点考察学生提出问题的能力、对数学思想方法的掌握、对数学语言的把握等。

3.1.2　调查对象的设计

不同认知水平的学生所具备的数学素养有一定差异，数学素养在学生个体上体现出一定的层次性。因此，针对以上两部分的调查，必须考虑不同学段学生的情况。为此，本文的调查对象主要考虑了三个主体。

其一，小学生的数学素养。小学生的认知水平主要处于皮亚杰所说的具体运算思维阶段，在数学课程标准中主要体现为两个学段：第一学段 1～3 年级，第二学段 4～6 年级。随着对小学教育的不断适应，小学高年级学生在生理上和心理上都逐渐趋向稳定，因此，我们选取了小学高年级五、六年级学生作为调查对象。

其二，初中毕业生的数学素养。国际上最著名的关于学生数学素养的研究是国际经济合作与发展组织 OECD 开展的一项国际性学生评价计划——PISA。PISA 研究以处于义务教育阶段末期的 15 岁中学生为考察对象，旨在评价他们所掌握的知识与

---

① 郑毓信. 数学教育哲学[M]. 成都：四川教育出版社，2001：36.

技能为将来成人生活的准备情况，了解他们走向社会的能力。本文关于初中毕业生数学素养的研究就是受PISA研究启发而开展的研究，主要了解义务教育阶段结束时学生所具有的数学素养。所不同的是，由于我国初三学生学习较为紧张，面临中考压力，不便于开展大规模调查研究。为此，本文将调查对象放到了新入学的高一学生。高一新生刚刚结束义务教育阶段的学习，在入学伊始就调查学生的素养情况，能够较好地反映出义务教育阶段结束后学生所具有的数学素养。

其三，高中毕业生的数学素养。高中毕业意味着基础教育阶段学习的结束，高中毕业学生具有怎样的数学素养值得我们关注。事实上，基础教育的最后学段——12年级是国际TIMSS研究的主要年龄段。我国由于高三年级面临高考压力，对高中毕业生数学素养的调查研究相对较少。为此，本研究选取大学一年级新生进行调查研究，其出发点在于：高三学生由于高考压力，不便于开展调查研究，在大一新生还没有正式学习大学课程之前进行调查，能够较好地反映出高中毕业生所具有的数学素养情况。

正如日本著名数学教育家米山国藏所说："学生们所学到的数学知识，在进入社会后不到一两年就忘掉了，然而那种铭刻于头脑中的数学精神和数学思想方法却长期地在他们的生活和工作中发挥着作用。"因此，真正的教育在于，"即使是学生把教给他的所有知识忘记了，但还能使他获得受用终生的东西的那种教育，才是最好的教育"。[①] 这也是我们没有在学生学习完新知识后立即开展调查，而是选取初三毕业生、高三毕业生进行调查的一个重要原因。

3.1.3 调查项目的确定

以上二维设计从理论上阐明了不同学生数学素养的不同侧面，但在小范围内试行调查时我们发现，具体的调查研究需要对以上调查设计作一定调整。

就数学知识层面，对数学素养的考察主要以学生所在年级学习的数学知识作为考察内容，这一调查进行得较为顺利。但是关于数学观念层面的调查测试则需要调整。

---

① 米山国藏. 数学的精神思想和方法[M]. 毛正中，吴素华，译. 成都：四川教育出版社，1986.

具体地说，已有的关于学生数学观念的调查研究并不少，主要采用选择题与开放题的调查方式，其中以前者居多。但在实际调查中我们发现，选择题的选项已经告知学生选择内容，未必是学生真实的认识；其次，许多学生难以理解"数学是演绎体系还是算法集合"等较为抽象的语句；再者，在开放题"数学是什么""你是怎样学习数学的"等调查中，许多学生特别是小学生给出的是"不知道"的回答。这说明，大多数小学生以及部分中学生只是把数学看作学校学习的一门课程，还没有形成对数学的本质及其价值的认识，学生的回答许多是想当然地给出，由此得出的结论并不准确。这也是造成许多研究结论并不一致①的重要原因。因此，本文关于小学生、初中毕业生数学素养的调查，将考察重点放在数学知识层面上，基本不涉及数学观念层面。

由于"学生的数学观不是一下子形成的，当然也不是一成不变的，而是随着数学实践的丰富和变化不断进化的"②，"随着学习年限的增长，数学视野逐步扩展，思维能力和认识水平的提高，学生的数学观也有所发展变化"③。因此，我们将数学观念的调查对象确定为已经完成某学段学习的学生，因此新入学的大学生就是考察高中生数学素养的很好的研究对象。

另外，众多研究表明，"教师的数学信念会影响其教学行为，从而进一步影响学生的数学观和学习结果"④。也就是说，学生的这些素朴的数学观是通过学校中的数学学习逐渐养成的。"教师的教学方式以及在课堂上对数学知识、技能目标的强调程度也影响了学生的数学观。"⑤这表明，通过研究数学课堂教学，一定程度上能够反映学生对数学的认识。因此，本文对学生数学观的调查研究最终确定为调查了解高中学生所具有的数学观，并且将调查对象确定为刚入学的大一新生。

根据以上认识，本文关于学生数学素养的调查研究最终确定为以下研究项目。

---

① 刘儒德，陈红艳. 小学生数学学习观调查研究[J]. 心理科学，2002(2).

② 刘儒德，陈红艳. 论中小学生的数学观[J]. 北京师范大学学报(社会科学版)，2004(5).

③ 王林全. 中学生数学观的现状及形成探究[J]. 华南师范大学学报(社会科学版)，1994(4).

④ 张侨平，黄毅英，林智中. 中国内地数学信念研究的综述[J]. 数学教育学报，2009(6).

⑤ 王林全. 中学生数学观的现状及形成探究[J]. 华南师范大学学报(社会科学版)，1994(4).

研究项目一：高中毕业生所具有的数学素养

研究目的：调查了解高中毕业生对数学的认识以及在数学知识层面所具有的素养。

调查对象：本次调查对象选取某省属师范大学法律政治学院、历史文化与旅游学院、教育科学学院、物理与电子工程学院、数学科学学院部分新入学大学生，涉及专业主要有：思想政治教育专业、政治学与行政学专业、历史学专业、旅游管理专业、文化产业管理专业、小学教育专业、物理学（师范）专业、电子信息工程专业、数学与应用数学（师范）专业、信息与计算科学专业、统计学专业等。调查对象既有文科学生也有理科学生，生源来自全国各地，共发放问卷 413 份，回收 413 份，有效问卷 405 份。

调查内容：问卷设计的第一部分是 10 道单选题，问题 1～6 是对数学本质、价值的认识，问题 7～10 是对数学学习的认识。问卷设计的第二部分重点考察学生提出数学问题的能力（第 1 题、第 2 题）、对数学思想方法的掌握（第 3 题、第 4 题）、对数学语言的把握（第 5 题、第 6 题）。

调查时间：本调查历时 3 年，涉及 3 个新入学年级，数学专业学生在新生入学教育期间进行调查，非数学专业学生在第一次高等数学课堂上进行调查。

研究项目二：初中毕业生所具有的数学素养

研究目的：调查了解初中毕业生在数学知识层面所具有的素养。

调查对象：本调查对象来自某市三所公办中学以及一所规模较大的民办补习学校学生。公办中学情况为：一所市区重点中学，每年全市中考成绩佼佼者才能进入该校学习；一所市区普通中学，学生中考成绩比重点中学要低许多；一所郊区普通中学，生源主要为郊区居民子女，中考成绩较低。民办学校情况为：该学校为当地一所知名民办学校，其办学班级既有以查缺补漏为目的的补习班，又有针对数学竞赛的竞赛班，还有以巩固深化知识为目的的提高班。因此，该学校生源类型较为多样，包括学习水平不同的学生。本次调查抽取了公办学校 3 个班级的 158 名高一新生，民办补习学校的 20 名初三刚毕业的学生。共发放问卷 178 份，回收 165 份，有效问卷 157 份，其中回收公办学校学生有效问卷 147 份，民办学校学生有效问卷 10 份。

调查内容：重点考察学生提出数学问题的能力（第 1 题、第 2 题）、对数学思想方法的掌握（第 3 题、第 4 题）、对数学语言的把握（第 5 题、第 6 题）。

调查时间：公办学校在新生刚入学期间进行，民办学校在暑假期间进行。

研究项目三：小学生所具有的数学素养

研究目的：调查了解小学生在数学知识层面所具有的素养。

调查对象：本调查对象来自某市三所公办小学以及一所较大规模的民办补习学校学生。公办小学均为某大学国培计划实践基地，其中一所为市区重点小学，该校为百年名校，是省级示范小学，被收入教育部编撰的《中国名校 600 家》，生源相对较好；另外两所为市区普通小学，生源主要为当地户口所在地居民子女。所调查的民办补习学校同上。在公办学校发放问卷 272 份，民办学校发放 12 份，共计 284 份，回收 283 份，有效问卷 279 份，其中回收公办学校学生有效问卷 267 份，民办学校学生有效问卷 12 份。

调查内容：重点考察学生提出数学问题的能力（第 1 题、第 2 题）、对数学思想方法的掌握（第 3 题、第 4 题）、对数学语言的把握（第 5 题、第 6 题）。

调查时间：本调查充分利用 2014 年、2015 年、2016 年举办国培计划小学数学骨干教师培训班的时机，分别于 2014 年 11 月、2015 年 11 月、2016 年 10 月三次在三所公办小学开展，每次分别在三所学校的一个班级进行，3 年共涉及六个班级的 272 名学生。民办学校的调查时间较为灵活，由补习学校的教师在教学时进行。

以上调查设计的主要内容如表 3－1 所示。

表 3－1　调查设计的主要内容

项目	调查目的	调查对象	调查内容	
			数学观念成分	数学知识成分
研究项目一	高中生数学素养	大一新生	1～6 数学本质及价值 7～10 数学学习	数学问题 1～2 数学思想方法 3～4 数学语言 5～6
研究项目二	初中生数学素养	高一新生		数学问题 1～2 数学思想方法 3～4 数学语言 5～6
研究项目三	小学生数学素养	5～6 年级学生		数学问题 1～2 数学思想方法 3～4 数学语言 5～6

3.2 学生数学素养的学段分析

3.2.1 高中毕业生所具有的数学素养

一、学生具有的数学观念

1. 对数学的认识

随着数学科学的发展、人类社会的进步以及认识的不断提高，人们已不再把数学看成是由公式、定理等简单汇集而成的绝对真理，而是作为人类的一种创造性活动；同时，数学对于自然科学、社会科学等其他学科发展的作用和意义、对于社会发展和人的发展的作用和意义[①]越来越大，数学的文化价值、社会价值、教育价值、科学价值等也越来越凸显。在此，我们设计了 6 道单选题，以便了解高中毕业生对数学本质及其价值的认识。

主要调查内容和结果如表 3－2 所示。

表 3－2 高中毕业生对数学本质及其价值的认识

内容 \ 选项	赞同 ($n=405$)	反对 ($n=405$)	不确定 ($n=405$)
1. 数学从公理和原始数据出发，根据形式逻辑演绎定理。	75.3%	7.1%	17.5%
2. 数学是研究现实世界的空间形式和数量关系的学科。	67.9%	8.4%	23.7%
3. 数学是一个不容置疑的知识统一体，这个统一体由清晰确定的观点和明确可证的陈述组成。	43.2%	42.5%	14.3%
4. 数学是一种探索活动，是伴随着错误、尝试和改进的过程。	99.0%	1.0%	0%

① 杨骞，张振. 数学教育与数学的价值[J]. 辽宁师范大学学报（自然科学版），2004，27(1).

续表

内容 \ 选项	赞同 ($n=405$)	反对 ($n=405$)	不确定 ($n=405$)
5. 数学是人们生活、劳动和学习必不可少的工具，数学方法渗透并支配着一切自然科学的理论分支，它是解决很多高新技术问题的关键技术。	67.2%	11.1%	21.7%
6. 数学对人们的观念、精神以及思维方式的养成有十分重要的影响，它的内容、思想、方法和语言是现代文明的重要组成部分，数学有重要的文化价值。	31.6%	27.7%	40.7%

频数统计结果显示，75.3%的学生认为“数学从公理和原始数据出发，根据形式逻辑演绎定理”，67.9%的学生赞成“数学是研究现实世界的空间形式和数量关系的学科”。可见，大多数学生倾向于把数学看成是由演绎推理形成的、关于空间形式和数量关系的一门学科。另外，有99.0%的学生赞成“数学是一种探索活动，是伴随着错误、尝试和改进的过程”，但是对于“数学是一个不容置疑的知识统一体，这个统一体由清晰确定的观点和明确可证的陈述组成”这一观点则有43.2%赞成。根据欧内斯特关于数学观的研究①，前者表明大多数学生持有动态的、可误的数学观，将数学看成是一种可错的、可改进的人类活动，后者表明，有近一半的学生将数学看成是绝对真理的集合，持有静态的、绝对主义的数学观。这是一对似乎矛盾的结果，因此有必要进一步了解学生对数学的认识。通过交流发现，学生将数学看成是一种可错的、可以改进的探索活动，只表明学生在通往数学真理的路途中会受到挫折，自己的认识需要改进（改进为与书本知识一样），而不是真正看到了数学经验性的一面。比如一学生说：“如果让我们自己探索，要么得不出结论，要么与书本上的不一样，出错了，肯定要改。”可见，学生对数学本质的认识还不够清晰，绝大多数学生主要持有绝对主义的数学观。

统计结果还表明，有超过一半的学生赞同数学在自然科学和工程技术领域的重要作用，认为“数学方法渗透并支配着一切自然科学的理论分支，它是解决很多高新技术问题的关键技术”。但是，对于“数学对人们的观念、精神以及思维方式的养成有十分

---

① Paul Ernest. 数学教育哲学[M]. 齐建华，张松枝，译. 上海：上海教育出版社，1998.

重要的影响，数学有重要的文化价值”的认识，观点很不统一，只有31.6%的学生赞成，有27.7%的学生反对，更多的学生对此表示不确定。这表明，大多数高中毕业生能认识到数学对自然科学和工程技术的影响，能认识到数学的工具价值、科学价值，但是，许多学生没有认识到数学所隐含的文化价值和人文精神，不了解数学对于人的发展所产生的影响。

综合来看，大部分高中毕业生只是看到了数学演绎性、形式化的一面，将数学看成是绝对真理的集合，没有认识到数学发现的经验性。很多学生没有认识到数学的文化价值以及对人的发展的影响，没有认识到数学是一种文化。

2. 对数学学习的认识

调查统计结果如表3-3所示。

表3-3　高中毕业生对数学学习的认识

内容 \ 选项	赞同（$n=405$）	反对（$n=405$）	不确定（$n=405$）
7. 在数学上取得成功的关键，主要在于很好地掌握尽可能多的规则、术语和方法等实用知识。	40.6%	39.9%	19.5%
8. 学习数学需要大量应用运算规律和模仿解题方案的练习。	73.4%	17.5%	9.1%
9. 数学学习主要是记住教师讲授的内容，学生的主要职责是接受并记住。	30.1%	50.6%	19.3%
10. 数学学习是一个充满猜想的活动过程。	82.7%	4.0%	13.3%

统计表明，对于“在数学上取得成功的关键，主要在于很好地掌握尽可能多的规则、术语和方法等实用知识”的观点，赞成和反对人数相当，且有19.5%的学生持不确定的观点，而有73.4%的学生赞成“学习数学需要大量应用运算规律和模仿解题方案的练习”。这表明，大部分学生认为，数学学习与掌握数学规则术语、解题等有关。另外，虽有82.7%的学生认为“数学学习是一个充满猜想的活动过程”，但这一认识仅是对数学学习方式、过程的一个简单认识，如有学生说：“老师讲例题之前，如果先让我们思考，我就自己尝试如何解决问题，可能会猜一猜，如果老师开始讲解了，我就不用思

考了，听老师的讲解为主。”这与只有一半学生反对“数学学习主要是记住教师讲授的内容，学生的主要职责是接受并记住”的结果较为一致。

综合来看，多数学生认为数学学习主要是掌握公式、法则、解题等，模仿、记忆、接受是主要的学习方式，虽然在学习中有实验、猜想，但并不是主要的学习方式，关键还在于听教师的讲解。这些结果与前一调查结果较为一致，这也再次说明了学生对数学本质的认识很大程度上影响着学生数学学习方面的表现。

二、学生具有的数学知识素养

1. 关于提出数学问题

第一题是关于印刷科普读物印刷数和投入成本的描述：

某出版社出版一种适合学生阅读的科普读物，若该读物首次出版印刷的印数不少于5 000册时，投入的成本与印数间的相应数据如下表：

印数(册)	5 000	8 000	10 000	15 000	……
成本(元)	28 500	36 000	41 000	53 500	……

对此，你能提出什么数学问题？把你想到的都写在下面。

这是一道与现实生活相关的情境描述，在数学应用题教学中经常出现，学生也较为熟悉。每位学生都根据描述提出了数学问题。如：“印数与成本之间有怎样的函数关系？”“出版社印刷多少种这种读物可以达到最大效益？”“如果印数一定，价格定位多少才能收回成本？”“是否印数越多，成本就越少？”平均每人提出数学问题为2.90个(见表3-4)。

第二题是一个简单叙述：

高斯从小就是数学神童，曾经很快地计算出$1+2+\cdots+100=5\,050$，对此，你能够提出怎样的数学问题？把你想到的都写在下面。

该题目没有明确的问题指向，只是描述事实，要求根据描述尽可能多地提出数学问题。结果(见表3-4)表明，绝大部分学生提出了问题，但许多学生提出的问题与数学问题关系不大，如：“现在有了计算机，高斯的速算再快能比得上计算机吗？”“一个人的智力是否是天生的？”“能很快算出$1+2+\cdots+100=5\,050$的人从小就是神童吗？”等。只有29.1%的学生提出了数学问题，这一比例之低，大大出乎我们的预料，提出的数学问题如："$1+2+3+\cdots+n=?$ ""$1+\frac{1}{2}+\frac{1}{3}+\cdots+\frac{1}{100}=?$ ""$\frac{n(n+1)}{2}$这一公式如何证明？""$1+2+\cdots+10=55$，$1+2+\cdots+100=5\,050$，那么，是否有$1+2+\cdots+1\,000=500\,500$？""$1+2^2+3^3+\cdots+n^n=?$"等等。

平均每人提出的数学问题为 0.85 个(见表 3-4)。

由此可见，对于较为明确的数学情境描述，大部分学生能从描述中看到数学问题、提出数学问题，而对于较为开放性的、没有明确问题指向的叙述，很多学生看不到数学，缺少发现数学的眼光，学生从中发现问题、提出问题的能力较弱。

表 3-4　高中毕业生数学问题素养

根据印刷数和投入成本描述提出数学问题（第一题）		根据高斯求和描述提出数学问题（第二题）	
提出数学问题学生的比例($n=405$)	平均每位学生提出数学问题数量	提出数学问题学生的比例($n=405$)	平均每位学生提出数学问题数量
100%	2.90 个	29.1%	0.85 个

2. *关于数学思想方法*

波利亚曾说过："一个认真想把数学作为他终身事业的学生必须学习论证的推理；这是他的专业也是他那门学科的特殊标志；然而为了取得真正的成就，他还必须学习合情推理；这是他创造性工作所赖以进行的那种推理。"这一思想已在高中数学教材中体现，如普通高中苏教版高中教材必修 5 中，增加了"合情推理与演绎推理"的教学内容。因此，我们设计的两道题目中一道主要考察学生逻辑推理情况，一道主要考察学生合情推理情况。

第三题主要考察学生合情推理的能力：

在中学已经学习了 $S_1(n)=1+2+\cdots+n=\frac{n(n+1)}{2}$，你能否计算出连续自然数的平方和、立方和：$S_2(n)=1^2+2^2+3^2+\cdots+n^2=?$；$S_3(n)=1^3+2^3+3^3+\cdots+n^3=?$

这里，需要将 $S_1(n)$、$S_2(n)$、$S_3(n)$综合起来考虑，通过观察、比较、归纳、类比等合情推理方法给出猜想，尝试得到 $S_2(n)$、$S_3(n)$的结果：

将 3 个数列和综合起来考察：

$$\frac{S_2(n)}{S_1(n)}=\frac{2n+1}{3},\ S_3(n)=S_1(n)^2,$$

$$S_2(n)=1^2+2^2+3^2+\cdots+n^2=\frac{n(n+1)(2n+1)}{6},$$

$$S_3(n)=1^3+2^3+3^3+\cdots+n^3=\left[\frac{n(n+1)}{2}\right]^2。$$

实际上，对 $S_3(n)$，可以通过观察、比较，提出猜想："前 n 个自然数的立方和是一个自然数的平方。"作进一步的分析，得到更为一般的命题："前 n 个自然数的立方和就等于这 n 个自然数的和的平方。"

学生完成情况统计如表 3－5 所示。

表 3－5　高中毕业生数学方法素养 1

合情推理(第三题)							
$S_2(n)$ 结果 ($n=405$)		$S_3(n)$ 结果 ($n=405$)		$S_2(n)$ 推导 ($n=405$)		$S_3(n)$ 推导 ($n=405$)	
知道	不知道	知道	不知道	能推导出	不会推导	能推导出	不会推导
71.4%	28.6%	21.5%	78.5%	8.9%	91.1%	7.9%	92.1%

可以看出，知道 $S_2(n)$ 结果的学生很多，知道 $S_3(n)$ 结果的学生却很少。即使知道 $S_2(n)$ 结果，但绝大部分学生对于 $S_2(n)$ 是怎样得出的却并不了解，当然也不会利用合情推理方法正确推导出 $S_3(n)$ 的结果。事实上，中学教材中有 $S_2(n)$ 的公式，但教材是直接给出结论，用数学归纳法证明的。可见，大多数学生只是接受教材、教师所给予的知识，满足于"是什么"，而不了解知识产生的背景，不思考"为什么"。

第四题主要考察学生逻辑推理的能力。高中教材有简易逻辑的教学内容，教材中的例、习题主要是明显的逻辑知识，如"设集合 $A=\{x \mid x=2k+1,\ k\in\mathbf{Z}\}$，$B=\{x \mid x=2k-1,\ k\in\mathbf{Z}\}$，则集合 A、B 间的包含关系是什么？"之类的题目。而事实上，逻辑推理渗透在整个数学知识体系中。为了考察学生在一般情形中运用逻辑知识进行逻辑推理的能力，第四题选自 2008 年江苏省录用公务员和机关工作人员考试《行政职业能力倾向测验》A 类试卷中的一道逻辑判断题：

有人对“不到长城非好汉”这句名言的理解是：“如果不到长城，就不是好汉。”假定这种理解为真，则下列哪项判断必然为真？（　　）

A. 到了长城的人就一定是好汉

B. 如果是好汉，他一定到过长城

C. 只有好汉，才到过长城

D. 不到长城，也会是好汉

这道题叙述不复杂，运用的逻辑知识也不多。“如果不到长城，就不是好汉”是一个假言命题，设“不到长城”为命题 a，“不是好汉”为命题 b，这个假言命题就可以转化为：如果 a，那么 b，由此可以推出：如果非 b，那么非 a。选项中只有 B 符合题意。我们以为，学生经过 12 年的数学学习，特别是高中简易逻辑的学习，逻辑推理能力应该较强，这道逻辑推理题可能会有好的成绩，但是考察结果却出乎意料，正确率仅为 32.8%（见表 3-6）。考虑到选择题选项有“瞎蒙”的因素，因此，真正理解这道题目的学生有可能更少，很可能低于 30%。

表 3-6　高中毕业生数学方法素养 2

逻辑推理（第四题）	
答案正确（$n=405$）	答案错误（包括未做）（$n=405$）
32.8%	67.2%

从整体来看，高中毕业生虽然接受了 12 年的数学学习，但是数学推理方法掌握不好，运用逻辑推理进行论证的能力不高，特别是归纳类比能力较为薄弱，没有掌握合情推理方法。

3. 关于数学语言

数学语言主要包括文字语言、符号语言和图形语言。具备数学语言素养意味着明确各种数学语言的内涵，能够对不同语言进行转化，并且能够流畅地表达和交流。为此，我们设计了两道试题。

第五题根据美国加州评估 12 年级学生的一道数学试题①改编而成，要求学生将

① 郑毓信. 数学教育哲学[M]. 成都：四川教育出版社，2001：45.

所给图形清晰地表述出来（如果依据学生的表述能够正确画出图形即为正确），旨在考察学生数学语言转译能力和语言表达能力。

假如你在电话里与同学交谈，你要求他作出如图 3－1 所示的图形。你的同学事先并没有见过这一图形，你如何在电话里给他指示以保证他能够准确地作出这一图形？

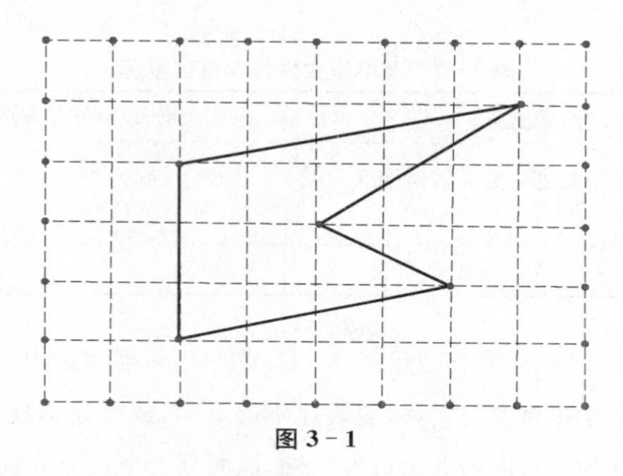

图 3－1

第六题选自“2008 年普通高等学校招生全国统一考试（广东卷）数学（文科）”中的一道填空题（必做题）：

为了调查某厂工人生产某种产品的能力，随机抽查了 20 位工人某天生产该产品的数量，产品数量的分组区间为[45, 55)，[55, 65)，[65, 75)，[75, 85)，[85, 95)，由此得到频率分布直方图如图 3－2 所示，则这 20 名工人中一天生产该产品数量在[55, 75)的人数是________。

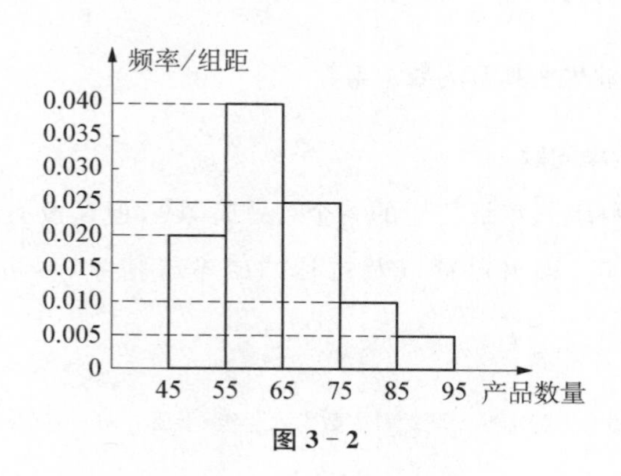

图 3－2

解决这道题需要学生读懂直方图的含义，理解“产品数量的分组区间”的数学意义，并将之转化为具体数据：13 人。选择此题，主要是为了了解学生读图识图以及语言转化的能力。

第五题、第六题完成情况如表 3－7 所示。

表 3－7　高中毕业生数学语言素养

电话交流(第五题)		频率分布直方图(第六题)	
表述清晰正确 ($n=405$)	表述不全或有错误或未做 ($n=405$)	正确 ($n=405$)	错误 ($n=405$)
25.4%	74.6%	50.1%	49.9%

结果(见表 3－7)显示，第五题只有 25.4%的学生能够将给出的图表正确清晰地表述出来，而大部分学生解答有错误，或表述不够全面，或表述不规范，或条理不清晰甚至有严重错误，比如：“横向列九个点为 x 轴，纵向列七个点为 y 轴。”“宽为 1 长为 3 的矩形，直角边为 3 的等腰直角三角形，一条直角边为 1 另一条为 4 的直角三角形，除去包含直角的边长为 1 的等腰三角形”之类，表达很不明确。第六题是高考文科数学试卷的必做题，属于基本题，但是只有一半学生给出了正确答案。

此调查表明，少部分学生已具备了较强的数学语言能力，但大多数学生的数学语言能力有待进一步提高：许多学生不理解数学符号的内涵，不能看懂数学图形的意义，数学语言表达能力、数学语言转化能力十分薄弱。

3.2.2　初中毕业生所具有的数学素养

一、关于提出数学问题

第一题源自苏科版八年级下册的一个习题背景①，但是没有给出数学问题，要求学生根据商店购进、售出衬衫以及衬衫的成本等信息，尽可能多地提出数学问题：

① 杨裕前，董林伟. 义务教育课程标准实验教科书数学八年级(上册)[M]. 南京：江苏科学技术出版社，2007：30.

某商店购进衬衫50件，每件成本80元，商店以每件95元售出。

请根据上述信息尽可能多地提出数学问题。

该调查主要针对公办学校学生。结果显示(见表3-8)，每位学生都提出了数学问题，如"卖出一件利润多少钱?""把所有的衬衫都卖出，可获利多少元?""50件衬衫的成本为多少元?"等，平均每位学生提出数学问题3.15个。

表面上看，学生提出的数学问题不少，测试完成后还有学生说："商场售货我很熟悉，其实还能再写出一些问题呢。"但是认真观察学生的卷面，还是存在不少问题的。比如，"卖出一件多少钱?""卖出两件多少钱?"这类语言表达不够准确，是指卖出一件得到的利润呢，还是销售价格呢？再如，"现在商店通过增加售价来增加销售额，已知售价与成交量满足如下函数关系式 $f(x)=\frac{x}{2}$，求 $f(2)$ 时的售价，并写出定义域与值域，画出函数图象。"该表达没有指明哪个是自变量，写出的函数关系式与题目给出的数据无关，而且与现实生活不符。

另外，函数是中学数学最重要的知识之一，初三毕业生已经学习了一次函数、正比例函数、反比例函数、二次函数等知识，该习题背景在函数学习中也经常见到，但是只有极少数学生提出了函数问题，如："如果售出 x 件，利润为 y 元，请写出 y 关于 x 的函数关系式与自变量的取值范围。"说明大部分学生提出的数学问题较为简单，只有少数学生能够上升到函数层面，提出概括性较强的问题。

第二题改编自TIMSS1995的一道"数据表示、分析和概率"内容的题目：

某公司打算租一套110平方米的办公室，租期是一年。该公司看到报纸上刊登有办公楼出租的广告：

办公楼A
85～95平方米
每月475美元
100～120平方米
每月800美元

办公楼B
35～260平方米
每年每平方米90美元

请根据以上信息，提出尽可能多的问题。

与第一题不同的是，在这一道试题中，虽然大多数学生提出了数学问题，但是提出的数学问题的数量却很少，许多学生仅仅写出了一个数学问题，有些学生提出了 2 个问题，但问题也是类似的，如“哪种方案最省钱?”“哪种方案最费钱?”平均每位学生提出数学问题 1.26 个。另外，学生提出的数学问题也相对集中，绝大部分学生都给出这样的问题：“如何租最实惠”或者“求最省钱方案”。在之后的交流中，学生说：“这类题目在练习求最值方法时已经做过许多，所以想到的就是求最值。”可见，学生提出的数学问题主要与课堂教学中教师讲解的例题、习题相似，学生的思维不够开阔，发散思维能力不强。

表 3－8　初中毕业生数学问题素养

根据衬衫相关信息提出数学问题（第一题）		根据办公楼广告信息提出数学问题（第二题）	
提出数学问题学生的比例（n＝147）	平均每位学生提出数学问题数量	提出数学问题学生的比例（n＝147）	平均每位学生提出数学问题数量
100％	3.15 个	92.5％	1.26 个

二、关于数学思想方法

“勾股定理”是初中数学中最重要的定理之一，勾股定理的探究过程以及勾股定理的运用都体现了多种数学思想方法，熟练地解决有关勾股定理的问题是对所学数学思想方法的一种强化与巩固。其中“割”“补”思想是勾股定理所蕴含的重要思想方法，苏科版教材甚至在教材中明确指出，“可以用割的方法”“可以用补的方法”，并配以图形说明[①]。问卷调查的第三题即是考察学生对“勾股定理”中所蕴含的“割补”数学思想方法的掌握情况。学生已经在初二学习了勾股定理，初三还会不断学习运用勾股定理解决问题的内容，那么初中毕业后学生是否还记得勾股定理所蕴含的数学思想方法？这是我们主要关心的问题。我们选择了苏科版教材八年级上册的一道练习题，属于勾股定理的灵活运用题，具体题目如下：

① 杨裕前，董林伟．义务教育课程标准实验教科书数学八年级（上册）[M]．南京：江苏科学技术出版社，2007：44.

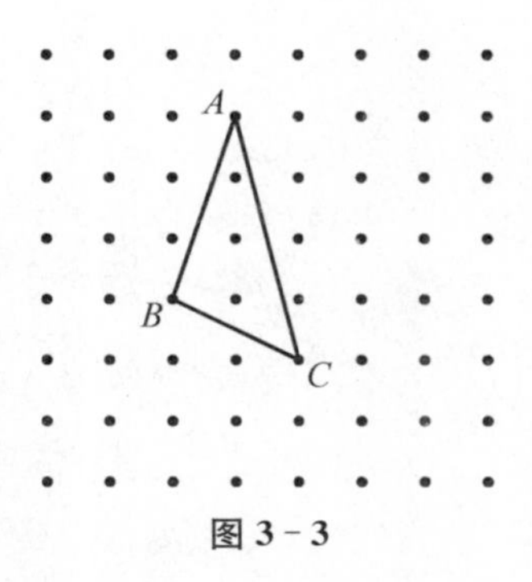

图3-3

如图(3-3)，点阵中以相邻4个点为顶点的小正方形的面积为1，计算$\triangle ABC$的周长和面积(精确到0.1)。

我们曾在市级勾股定理公开课教学研讨活动中调查过学生掌握该题的情况。当时，绝大多数学生在学习完勾股定理后，较好地运用割补的思想方法完成了该题。初中毕业后，学生是否在头脑中留下了这一重要思想方法呢？我们对公办学校高一新生进行了调查。(本调查由江苏师范大学2011级全日制教育硕士束艳完成。)

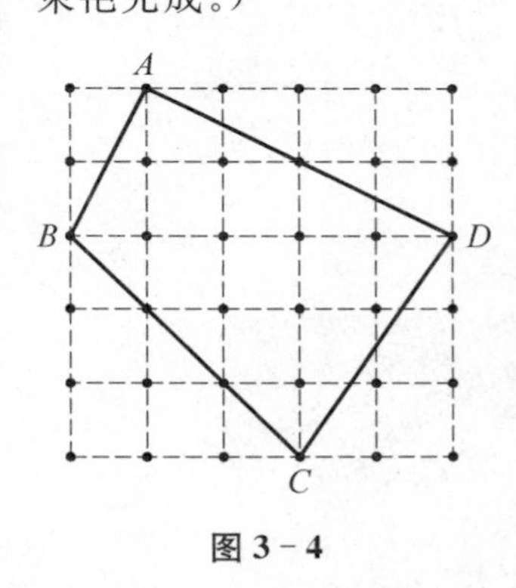

图3-4

调查表明(见表3-9)，该题的正确率仅为32.7%。部分学生甚至认为该题根本无法下手解决。为进一步了解学生对这一重要数学思想方法的掌握情况，我们对该题稍作了修改，选取民办学校的20名学生继续解答试题。修改后的题目如下：

如图(3-4)，点阵中以相邻4个点为顶点的小正方形的面积为1，计算四边形$ABCD$的面积。

结果表明(见表3-9)，该题的正确率为65%。

表3-9　初中毕业生数学方法素养1

割补思想方法(教材试题)(第三题)		割补思想方法(修改试题)	
解答正确人数	正确率(n=147)	解答正确人数	正确率(n=20)
48人	32.7%	13	65%

修改后的试题比教材上的题目要简单许多，学生的正确率也提高许多。那么，学生是否真正掌握了割补的思想方法？为进一步了解学生掌握的实际情况，我们从回收的20份试卷中选取好、中、差各一位学生，他们的完成情况见以下三幅图片，第一、二、三幅图片对应的学生学习层次分别为差、中、好，我们用学生1、2、3来标识。

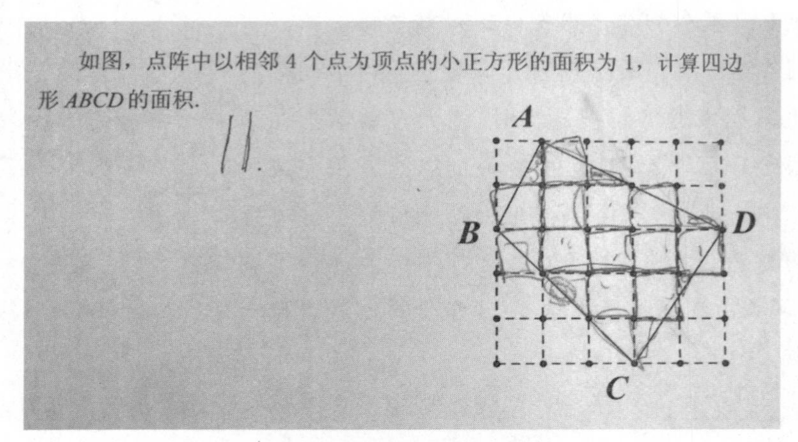

图 3－5　学生 1 的练习纸

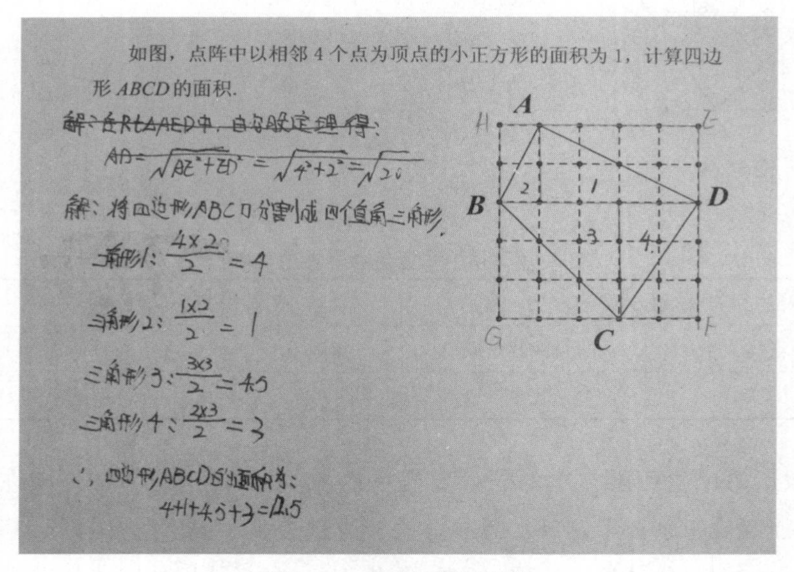

图 3－6　学生 2 的练习纸

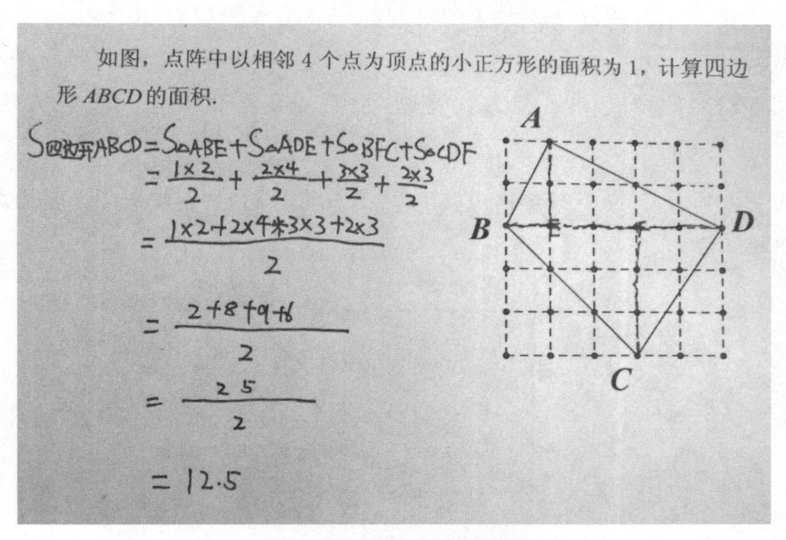

图3－7　学生3的练习纸

从图3－5～图3－7这三幅图片可以看出，学生1对“勾股定理”以及“割补”思想全然不知，试图通过数方格子的方式来求得四边形的面积，但是数错了。在估算问题方面常常会遇到数格子的情况，但这里并不适用。学生2最初认为“勾股定理”可以帮助她求得面积，在尝试以后发现只能得到四边形边长（学生还不知道求四边形面积的海伦公式），于是换个角度思考问题，采用割的方法解决了问题。学生3通过分割四边形顺利求得面积。但是，我们与学生3之间的一段对话也非常值得思考，具体如下：

师：这道题目能不能一题多解啊？

生3：还可以把四边形补充成大的正方形来求面积（信心满满）。先求出大正方形面积，再减去四个小三角形面积。

师：我要是同时使用分割和补充，会怎么样啊？

生3：（思考一会）四边形的面积就是大正方形面积的一半，原来可以这么简单啊，我怎么一点都没想到（感慨万千）。

显然，学生3与学生1和2相比，已经掌握了“割补”思想，但是对“割”与“补”的综合运用还不够灵活。

整体来看，很多学生虽然知道勾股定理，但是对于勾股定理所蕴含的数学思想方法掌握不好，甚至有部分学生对其中的“割补”思想一无所知，灵活运用数学思想方法的能力更是薄弱。

本调查的第四题是一道智力竞赛题，主要考察学生对化归思想方法的掌握情况：

这是一道智力竞赛题，要求仅用两次(沿直线进行的)切割把图(3－8)变成一个与该图等积的正方形。

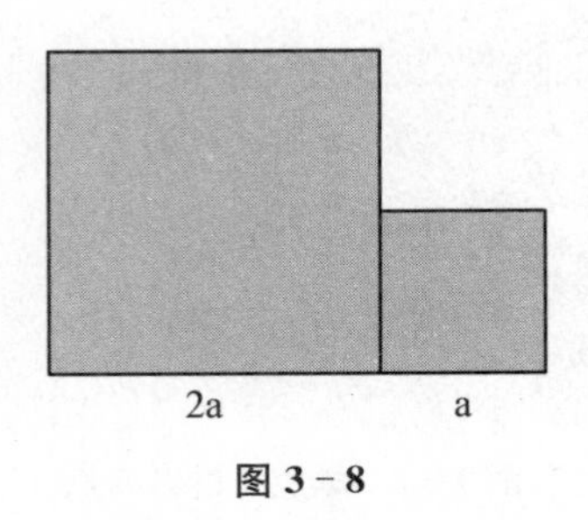

图 3－8

该题的设计主要源自以下认识：数学在其自身的发展过程中形成了许多具有数学特色的典型方法，如公理化方法、数学模型方法、数学构造方法，等等。其中，“与一般的科学家(如物理学家)相比，数学家们特别善于使用化归的方法来解决问题”①。因此，化归方法是数学思想方法的典型体现，本调查的第四题就是了解学生将几何问题化归为代数问题来解决问题的情况。

公办学校 147 份有效问卷表明，该题的正确率为 37.4%，卷面情况为：部分学生没有做，部分学生是在试卷上反复画线，感觉不对就擦除，然后再画。

为了进一步了解学生的思考过程，我们选取了学生甲(不会做该题)和乙(该题做对了)进行访谈。

师：这道题你是怎样想的?

甲：想不出来，不知道怎样解决。

师：题目要求切割成与该图面积相等的正方形，因此，面积是一个重要的信息。那么这个正方形的面积是多少呢?

① 郑毓信. 数学方法论入门[M]. 杭州：浙江教育出版社，2006：1.

甲：面积是$5a^2$。

师：那么正方形的边长是多少？

甲：$\sqrt{5}a$。

师：怎样作出$\sqrt{5}a$的边长呢？

甲：（思考一会，一边指着图一边说）这个边长是$2a$，这个边长是a，那么这两个边的斜边就是$\sqrt{5}a$。

师：是的，以$2a$和a为直角边长的直角三角形，它的斜边长度为$\sqrt{5}a$。现在，知道了边长，能否作出正方形呢？

甲：噢，我知道了，可以作出来。

经过有目的的尝试，学生甲很快正确地给出切割方法。

师：你做得很好，你是怎样想的呢？

乙：我是试着画图，感觉这样切割正好是一个正方形。

师：你这样切割，一定是正方形吗？

乙：不知道，从图形上看好像是正方形。

师：你画的是正确的。

乙：（高兴地）噢。

师：你能够证明它吗？

乙：我不知道，我要思考思考。

以上访谈可以看出，学生甲没有掌握解决问题的方法，学生乙虽然解决问题了，但不是通过正确推理得到的，而是随便在图上画画，凭直观感觉得到的，有很大的偶然性。所以无论是解答正确还是错误的学生，头脑中都没有化归的思想方法，或者说，都没有较好地掌握化归思想方法，不会运用化归思想方法解决问题。

三、关于数学语言

第五题是某市中考的一道选择题，要求学生根据函数图象判断函数的解析表达式，主要考察学生对图形语言、符号语言的掌握情况以及语言间的转换能力。鉴于选择题难以反映出学生的思考过程，所以特意在题目中要求"请给出详细解答过程"，并在测试后选取部分解题正确的学生进行访谈。

反比例函数与二次函数在同一平面直角坐标系中的大致图象如图(3-9)所示，它们的解析式可能分别是(　　)。(请给出详细解答过程)

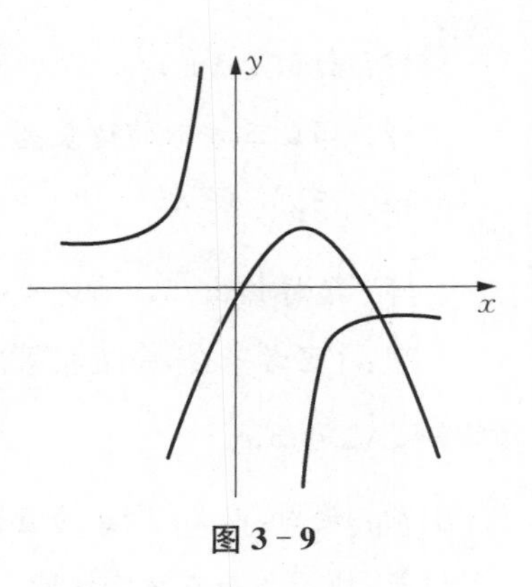

图3-9

A. $y=\frac{k}{x}$，$y=kx^2-x$

B. $y=\frac{k}{x}$，$y=kx^2+x$

C. $y=-\frac{k}{x}$，$y=kx^2+x$

D. $y=-\frac{k}{x}$，$y=-kx^2-x$

该题完成情况如表3-10所示。

表3-10　初中毕业生数学语言素养1

选项正确(第五题)		选项正确并且解题合理(第五题)	
选项正确人数	正确率($n=147$)	解答正确人数	正确率($n=147$)
92人	62.6%	29	19.7%

表3-10表明，该题的正确率为62.6%。经过访谈了解到，有些学生采取排除法选择，有些是“瞎蒙的”，也有部分学生是将图形语言翻译为符号语言，并结合选项表达式中符号语言的涵义，最终确定选项，这种解题思路大致为：

解：双曲线的两支分别位于二、四象限，即$k<0$。

A. 当$k<0$时，抛物线开口方向向下，对称轴$x=-\frac{b}{2a}=\frac{1}{2k}<0$，不符合题意，错误；

B. 当$k<0$时，抛物线开口方向向下，对称轴$x=-\frac{b}{2a}=\frac{1}{2k}>0$，符合题意，正确；

C. 当$-k<0$时，即$k>0$，抛物线开口方向向上，不符合题意，错误；

D. 当$-k<0$时，抛物线开口方向向下，但对称轴$x=-\frac{b}{2a}=\frac{1}{2k}<0$，不符合题意，错误。

所以选B。

我们对选项正确并且给出合理解答过程的学生做了统计，仅有19.7%的学生既选择了正确选项，也给出了合理的解答过程。这表明，大部分学生对函数图象理解不透，没有掌握图形语言所蕴含的数学知识，也缺乏将图形语言转化为符号语言的能力。

第六题源自PISA的一道样题：

一名电视记者展示出下面的图(如图3-10所示)，并说："图中显示，1998与1999年间的抢劫案件数字有大的增长。"

问题：你认为这名记者对于这个图的解释合理吗？请提供一个解释以支持你的答案。

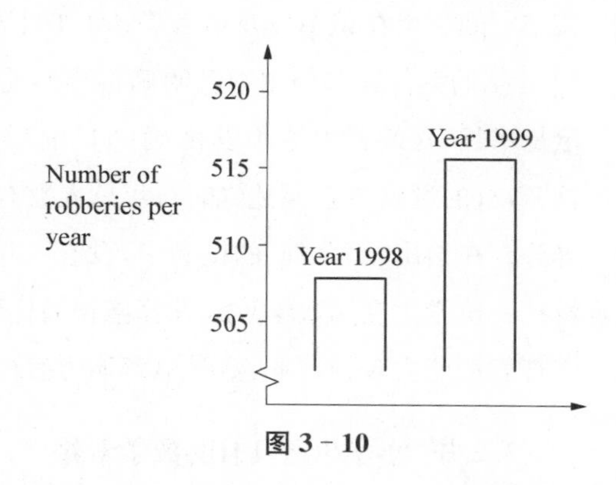

图3-10

选择该题作为考察题主要基于以下认识：我们正处在飞速发展的信息社会，在各种报纸、杂志、电视、海报、互联网上，常会出现各种形式的图或表格，完成义务教育阶段学习的学生要能够分析、理解这些图表，并正确、恰当地表达自己的观点。该题主要考察学生对图形语言的理解、识图读图的能力以及语言表达能力。

答题情况见表3-11：

表3-11　初中毕业生数学语言素养2

答案"合理"(第六题)		答案"不知道"(第六题)		答案"不合理"(第六题) 人数120人，占总数147人的81.63%			
				说理恰当		说理不当	
人数	比率(n=147)	人数	比率(n=147)	人数	比率(n=120)	人数	比率(n=120)
3	2.0%	24	16.3%	53	44.2%	67	55.8%

只有少数学生给出"解释合理"的答案，这部分学生解释说："图中显示1999年比1998年高许多。"还有16.3%的学生给出"不知道"的答案，访谈中这些学生给出的解释是"看不懂图""不理解图"等。大部分学生给出了"不合理"的答案，但是提供的解释却五花八门，如："数据是每年积累增加的，由图只能看1998～1999年间只有10件左右，且没有显示1998年的案件数，所以记者的解释不合理。""每年总人数有增长，总体

来看，不一定抢劫案件有增长。”“没有其他年份作参考，不能说明数字增长得快。”“案件数有增长，也不一定是增长，记者说得太绝对了。”

可以看出，81.63%学生根据图形直觉认识到了已有解释的不合理，但是有55.8%的学生在识图以及语言表达上有不少问题，有的信息掌握不准确（如“没有显示1998年的案件数”，但图中已明确标出），有的表述不清楚（如“案件数有增长，也不一定是增长”），或者表达不够准确（如“抢劫案件不一定有增长，实际上图形显示有增长”），有的逻辑关系混乱（如“每年总人数有增长，总体来看，不一定抢劫案件有增长”）等等。在给出“不合理”的试卷中，没有一位学生指明抢劫案件增长数量的相对性，也没有一位学生利用数学算式计算增长的比率。这再一次说明学生读图识图能力不强，语言表达能力较为薄弱，数学语言能力有待进一步提高。

3.2.3 小学生所具有的数学素养

一、关于提出数学问题

华裔学者蔡金法（Jinfan Cai）开展过一系列中美小学生数学提出问题与解决问题的比较研究，本文在此基础上，选取试题改编而成。

第一题由 Jinfan Cai & Stephen Huang 在中美学生提出问题和解决问题国际比较研究中的一道试题[①]改编而成，要求学生尽可能多地提出数学问题：

如图（3－11），请根据下图尽可能多地提出数学问题。

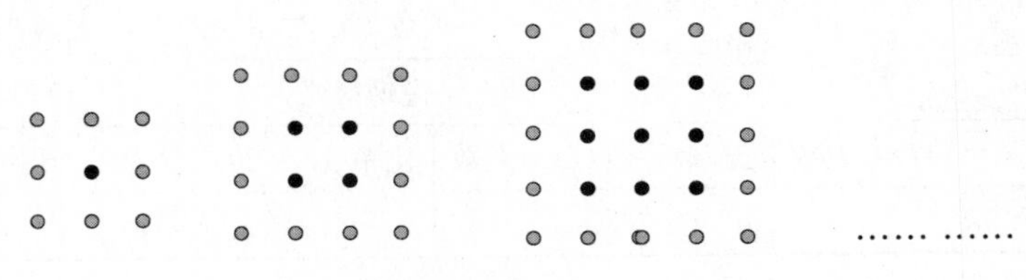

图 3－11

关于这一道试题的调查结果（见表 3－12），有 95.9%的学生提出了数学问题，诸如：“第 3 个图形中共有多少个点？”“3 个图形一共有多少个黑点？多少个白点？”“第 4

① Cai J, Hwang S. Generalized and Generative Thinking in US and Chinese Students' Mathematical Problem Solving and Problem Posing [J]. The Journal of Mathematical Behavior, 2002, 401－421.

个图形中间有多少个黑点？""此图的规律是什么？""白点个数与黑点个数有什么关系？"等等。只有11名学生（占4.1%）没有提出数学问题，其中有2名学生的试卷该题处空白；有3名学生没有提出问题而是直接给出解题过程，如一学生在试卷上写："1＋8＝9，4＋12＝16，9＋16＝25"，没有指明算式的意义；还有1名学生也许有问题意识，但语言表述不当，比如在试卷上写道："第3个图形。"这是一个陈述句，没有表述成问题，不知道学生想表达什么。平均每位学生提出4.13个数学问题。

第二题描述的是一个商店购物的情境，要求学生根据商店内不同文化用品的价格和小明手中的钱数等事实，尽可能多地提出数学问题：

请根据下面描述，尽可能多地提出数学问题：

快开学了，小明要到商店购买学习用品。商店里笔记本价格是每本3元，圆珠笔每支2元，橡皮1元两块。妈妈给小明20元钱。

关于该题的调查结果（见表3－12）显示，每位学生都提出了数学问题，如："妈妈给的钱最多可以购买多少块橡皮？多少支圆珠笔？多少本笔记本？""如果买7本笔记本，20元钱够不够？"等等。平均每位学生提出3.90个问题。但是与第一题稍有不同的是，虽然100%的学生提出了数学问题，但是提出的数学问题在内容上较为集中，比如，绝大多数学生提出了妈妈给的钱最多可以购买多少块橡皮或者是笔记本等之类的问题，而其他内容的问题比较少见。例如，有不到10%的学生提出这样的问题："20元买笔记本、圆珠笔、橡皮各一个，应找回多少钱？""小明如果三样都买，怎样分配最合适？"只有一位学生提出："如果小明买的笔记本≥圆珠笔≥橡皮个数，怎样购买，物品最多？"

表3－12　小学生数学问题素养

根据三个图形提出数学问题（第一题）		根据商店购物情境提出数学问题（第二题）	
提出数学问题学生的比例（n＝267）	平均每位学生提出数学问题数量	提出数学问题学生的比例（n＝267）	平均每位学生提出数学问题数量
95.9%	4.13个	100%	3.90个

以上表明，大多数小学生能够根据情境描述提出数学问题，而且能够提出多种数学问题。进一步看，类似第一题的题目在小学数学教材以及奥数辅导书中经常出现，第二题虽是现实生活情境，但这种问题情境常常是小学数学应用题的背景内容，而学生所提出的数学问题也主要与它们相类似，因此，小学生提出的数学问题与数学教学

中的例题和习题的内容、形式有很大相关。

二、关于数学思想方法

新一轮课程改革强调数学思想方法的教学，这一理念也反映在教材中。比如，苏教版小学数学教材新增了“解决问题的策略”教学内容，从四年级到六年级的每一册上依次介绍列表、画图、一一列举、倒推、替换和假设、转化等解决问题的基本策略。有学者指出：“解决数学问题的策略，其背后所蕴涵的可能是某种或某些数学基本思想或方法。对数学‘解决问题的策略’的理解必须上升到其所蕴涵的数学基本思想或方法上来。”① 因此，考察学生对解决问题策略的掌握情况，能够反映出学生的数学思想方法方面的素养。我们考察的两道题是同一情境，由简单到复杂，主要考察学生对“一一列举”策略的掌握情况。第三题为苏教版教材五年级“一一列举策略”后的习题，直接一一列举即可，与教师上课讲解例题难度相当，第四题比第三题复杂一些，需先分类再列举。为了消除第三题对解决第四题的正迁移，我们另外选取民办学校的 12 名学生，不做第三题，直接独立解答第四题。

第三题：

一种圆珠笔有 3 支装和 5 支装两种不同规格的包装。张老师要购买 38 支圆珠笔，可以分别购买 3 支装和 5 支装的各几盒？一共有多少种不同的选择方法？

第四题：

一种圆珠笔有 3 支装和 5 支装两种不同规格的包装。张老师要购买 38 支圆珠笔，一共有多少种不同的选择方法？

学生运用一一列举策略解决问题的情况如表 3－13 所示。

表 3－13　小学生数学思想方法素养

第三题（简单）	第四题（稍复杂）	
解答正确学生比例（$n=267$）	（先做第三题再做第四题）解答正确学生比例（$n=267$）	（不做第三题直接做第四题）解答正确学生比例（$n=12$）
70.8%	56.2%	33.3%

① 徐文彬. 数学“解决问题的策略”的理解、设计与教学[J]. 课程·教材·教法，2009(1).

第三题的正确率为70.8%，其中，解答正确的学生都采用了一一列举的方法，首先列出表格，然后给出答案，并且学生给出了多种一一列举的形式。对于第四题，先做第三题再做第四题的正确率为56.2%，但是单独做第四题的正确率却仅有33.3%，远低于56.2%。这表明，56.2%的正确率只是说明很多学生能够按照老师课堂上教授的方法解决问题，如果没有第三题解决方法的正迁移，大部分学生由于没有理解一一列举的真正含义，问题稍有变化就不会解决了，或者说很多学生表面上掌握了解决问题的策略，但是并不会灵活运用。

三、关于数学语言

第五题是“根据算式(32＋45－19)÷5自编一道应用题”，主要考察学生对符号语言的理解以及将符号语言转换为文字语言的能力，同时考察学生的表达能力。

表3-14　小学生数学语言素养1

编出应用题（第五题）		编出应用题且表达正确（第五题）		编出应用题但表达不当（第五题）	
人数	比率(n＝267)	人数	比率(n＝252)	人数	比率(n＝252)
252人	94.4%	157人	62.3%	95人	37.7%

结果表明，94.4%的学生编出了应用题，如：“有两组同学，第一组32人，第二组有45人，调走了19人，如果分成5组，还剩多少同学？”“一辆车有两个运货箱，一号箱有32千克果子，二号箱有45千克果子，中途因路不平掉了12千克果子。到达目的地时，平均倒入5个篮子里，剩下几个果子？”“一家商场，一、二月份盈利了32元，三、四月份盈利了45元，五、六月份亏本了19元，求平均每月赚几元？”等等。

从中看出，学生能够结合自己熟悉的生活情境，将符号语言转换为文字语言，其中语言表述完全正确的占62.3%，还有37.7%的学生在语言表达上存在一些问题。表现为：

一是表述不当。比如“如果分成5组，还剩多少同学？”这样的问题没有明确指出“平均分”；“一、二月份盈利了32元”这样的描述与现实生活不太相符。

二是应用题内容本身不当。部分学生编写的应用题虽然与熟悉的生活情境相关，但并没有真正理解符号语言的涵义。比如，有学生给出的应用题是：“有两个活动室，一间有 32 个皮球，一间有 45 个皮球，其中被老师拿走了 19 个，将这些皮球平均分给 5 个班，每个班有几个皮球?”该问题没有考虑到算式中隐含的不能整除的问题。

第六题改编自苏教版教材五年级上册中的一道题目，是根据统计图要求学生说说上海市和海口市空气质量情况，主要考察学生对图形语言的理解、将图形语言转换为文字语言的能力，以及表达能力。

观察统计图(3－12)，说说上海市和海口市 2004 年国庆期间空气质量的情况。

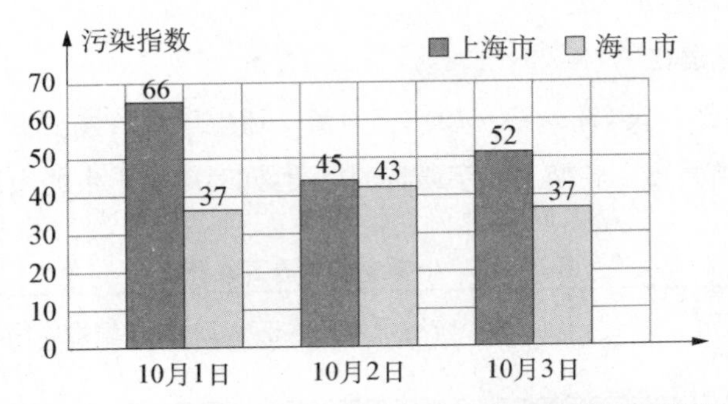

图 3－12　2004 年国庆期间上海市和海口市空气质量情况统计图

表 3－15　小学生数学语言素养 2

试卷不空白(第六题)		表述出现错误(第六题)		表述正确(第六题)					
				表述笼统		表述具体无概括		表述具体概括	
人数	比率(n=267)	人数	比率(n=257)	人数	比率(n=257)	人数	比率(n=257)	人数	比率(n=257)
257	96.3%	12	4.7%	122	47.5%	101	39.3%	34	13.2%

结果表明，只有 10 份试卷在该题上是空白的，96.3%的学生或多或少写出了一些对图形的认识。其中有 12 人写出的内容与统计图给出的事实不一致，在表述上出现错误。如：“上海空气好”“上海和海口差不多”等。绝大部分学生给出了正确的表述，表述正确的试卷主要有以下情况：

其一，有 47.5%的试卷在表述上较为笼统，如“上海不好”“海口好”“上海比海口污染严重”“上海的空气质量不好，海口市比上海市的空气质量好”“上海的污染指数很高”“海口市污染很低”，等等。

其二，有39.3%的学生指出了较为具体的信息，比如："10月1日两市空气质量相差最大，10月2日相差最小""10月1日海口空气比上海好，10月2日海口和上海空气都不好，10月3日海口空气和10月1日的空气一样"，等等。

其三，有13.2%的学生既给出了具体信息，又有整体概括的语言表述，如"10月1日两市空气质量相差最大，为29；10月2日相差最小，为2；10月3日两市相差15。海口市空气质量比上海市好""上海和海口都有污染，上海污染最厉害的在10月1日，海口污染最严重的在10月2日，上海空气污染都比海口高，上海污染最厉害"，等等。

这表明，小学生通过数学学习已对统计图有认识，但是有近一半学生的信息虽然正确但较为笼统，近40%的学生给出的信息虽然具体但较为单一，只有少部分学生能够从图中获取较多信息。可见，大多数学生对统计图的认识较浅，给出的信息量较少，从图形中收集、筛选数学信息的能力不够，读图识图的能力有待提高。而且有些表达不够准确，语言转换能力不强，数学语言的组织与表达能力有待提高。

3.3　学生数学素养的维度分析

以上研究项目分别表明了不同学生所具有的数学素养，为了更清楚地了解我国学生数学素养的情况，本节就学生所具有的数学素养做进一步的梳理，勾画出我国学生数学素养的基本图景，为实施数学教学改革提供现实依据。

3.3.1　数学观念素养

新一轮数学课程改革倡导动态的、多元的、辩证的数学观，将数学看作是人类的一种创造性活动；明确肯定数学的辩证性质（诸如数学的模式化与具体化、数学的形式与非形式方面、逻辑与直觉、统一性与多样化、一般与特殊等）；将数学看作是整体性人类文化的子文化，等等。因此，完成基础教育阶段数学学习的高中毕业生，应该对数学有较为全面的认识，能认识数学的一些基本要素（如数学内容的形式性和数学发现的经验性、逻辑和直觉、分析和构造等），树立动态的、多元的、辩证的数学观。而实际情况又怎样呢？

调查表明，大部分高中毕业生将数学看成是形式演绎的结果，是一个确定的知识统一体，将数学看作是毋庸置疑的真理，很多学生没有认识到数学活动的经验性、可误性、探索性，并且多数学生认为数学学习主要是掌握公式、法则、解题等，将模仿、记忆、接受看作是主要的学习方式。就数学的价值而言，大部分学生能够认识数学的工具价值、科学价值，认同数学之于科学发展的重要作用，但是对数学文化价值的认识不够。

整体来看，完成基础教育阶段数学教育的高中生对数学是什么已经有了自己的认识，对如何进行数学学习也有了自己的看法。但这些观念仅仅是数学特性的一些反映，对数学的认识还不够全面。新一轮数学课程改革所倡导的一些理念，诸如："数学是一门有待探索的、动态的、进化的思维训练，而不是僵化的、绝对的、封闭的规则体系；数学是一种科学，而不是一堆原则""数学有两个侧面，即数学的两重性——数学内容的形式性和数学发现的经验性""数学是人类的一种文化，它的内容、思想、方法和语言是现代文明的重要组成部分"，等等，学生还没有形成正确的认识。高中毕业生主要持有静态的、绝对主义的数学观。

因此有必要让学生全面、多方位地认识数学，让学生认识数学的真相，帮助学生了解数学在人类文明发展中的作用，逐步形成动态的、多元的、辩证的数学观。

3.3.2 数学问题素养

新一轮数学课程改革要求学生具备较好的数学问题素养，即通过数学学习，能够拥有数学的眼光，从各种情境中捕捉数学问题，发现数学问题，并能够数学地提出问题，通过对问题的分析研究，最终解决问题。而学生数学问题素养的实际情况如何？需要从实际调查中寻找答案。

数学问题情境具有多样性[①]，概括来说，数学问题主要源于数学内部问题与外部现实问题，对于这些情境，学生或者熟悉或者较为陌生，学生对这些问题情境是否熟悉，主要缘于其在教材或教学中是否经常出现。因此，本文主要从两种维度设计了两类问题情境，即从情境本身而言，设置了数学问题情境以及现实生活情境；从学生主体而言，设置了学生相对熟悉和教材不常出现的问题情境。

为此，所有考察学生提出问题方面的数学试题，都包括与现实生活背景相关且学

① 吴晓红，刘洁，谢明初，袁玲玲，乔健. 现状、反思与构建：数学新课导入情境化[J]. 湖南教育，2009(4).

生在平时数学学习（教材或者教学）中常见的生活情境（学生熟悉的情境），如高中的"科普读物印刷数和投入成本"、初中的"商店购进、售出衬衫以及衬衫的成本"、小学的"不同文化用品的价格和小明手中的钱数"等情境，只不过考虑到学生认知水平有差异，试题在内容的繁简程度、背景的叙述方法等方面有所差异。

研究表明，就问题情境的类型而言。在熟悉的现实生活情境中，几乎所有学生都提出了数学问题。就数学问题情境而言，对于数学教学中常见的数学问题情境（如研究项目三第一题的找规律），学生也能够提出较多的数学问题，而相对于没有明确问题指向的事实性描述的数学情境（如研究项目一第二题），学生从情境描述中发现的数学信息不多，特别是对于普通的事实性描述（如研究项目一第二题），很多学生看不到数学，缺少发现数学的眼光，学生从中发现问题、提出问题的能力较弱。

这说明学生能够在较为熟悉的情境中提出数学问题，数学教材或者数学教学对学生形成数学问题素养起到了很大作用。

就提出的数学问题的多样性而言，初中生、小学生提出的数学问题较为集中，提出的数学问题在问题的内容、形式上与数学教学中常见的数学应用题都较为一致。相对而言，高中生提出的数学问题较为多样。

这一方面表明数学教学直接影响到学生对问题情境的熟悉程度，对学生问题素养产生很大影响，另一方面也表明，问题情境的叙述对学生能否提出数学问题产生很大影响：对于不太熟悉的描述性的数学情境，学生提出数学问题的能力不足。

进一步考察学生提出问题的情况，可以发现，表面上看，学生面对现实生活情境都提出了数学问题，但实际上并非如此。

一是学生提出的数学问题主要与熟悉的数学应用题类似；

二是学生提出的数学问题较为简单，概括性较强的数学问题提出得较少，而且有些提问是简单问题的简单重复，如"妈妈给的钱最多可以购买多少块橡皮？多少支圆珠笔？多少本笔记本？""卖出一件利润多少？卖出两件利润多少？卖出三件利润多少？"表面上提出了3个问题，但问题的内容、叙述基本上一致；

三是学生完成其他题目的情况也反映出学生对现实生活背景知识认识的不足，如学生从现实生活中常见图表中看到的"数学"很少。

同时，试卷也反映出学生的数学思维不够发散，从情境描述中发现的数学信息不多，特别是对于普通的事实性描述(如研究项目一第二题)，很多学生看不到数学，缺少发现数学的眼光，发现问题、提出问题的能力较弱。

纵向上看，仔细考察表3-4、表3-8、表3-12，我们发现，随着年龄的增加，学生提出数学问题的能力反而在下降，这一现象值得我们认真思考。

学生对其他试题的完成情况，一定程度上也说明了学生解决问题的能力有待进一步提高。

可以看出，学生能否提出数学问题很大程度上与学生对描述内容的熟悉程度有关，而并不在于是现实生活背景还是数学内部的问题情境的描述。同时，对于一般描述性的、问题指向不明确的情境，学生往往不能数学地提出问题，数学问题意识不强。

3.3.3 数学思想方法素养

数学思想方法是数学的核心，莱布尼兹指出："数学的本质不在于它的对象，而在于它的方法。"《义务教育数学课程标准(2011年版)》在继承和发扬我国重视"双基"数学教育传统的基础上，提出了从"双基"向"四基"转变的课程目标，数学基本思想成为数学"四基"之一。"四基"理念在《普通高中数学课程标准(2017年版)》中也得以继承："通过高中数学课程的学习，学生能获得进一步学习以及未来发展所必需的数学基础知识、基本技能、基本思想、基本活动经验。"新课程要求学生掌握数学思想方法，能正确运用逻辑推理以及合情推理方法解决数学问题……而实际情况却有一定偏差。

基础教育阶段数学教学内容中有许多重要的数学思想方法，这些应该成为数学学习并掌握的重要内容。调查研究表明，不同年龄段的学生对数学思想方法的掌握都并不好。

首先，从数学方法的层次上看。就一般性的、普遍性的思想方法而言，学生头脑中还缺乏认识。以化归法为例，调查表明，大部分学生都没有化归意识(即使解答正确，学生也主要采用试误方法)，对解题方向、要达成的目标缺乏清晰认识，也缺乏转化的策略。可以说，大部分学生没有较好地掌握化归思想方法，解决问题的能力也因此受到限制。就一些具体的数学方法或者解题策略而言，掌握具体数学方法的关键在于灵活运用。但调查表明，大多数学生在数学学习中已经明确知道数学方法的名称，比如知道割补法、一一列举的策略等，但是对这些方法或策略的理解不透，不能灵活运用它们解决问题。

其次，从推理论证的角度看。数学方法主要包括演绎证明的方法和合情推理的方法。就演绎推理而言，演绎推理是证明数学结论、建立数学体系的重要思维过程。演绎推理贯穿于整个数学学习过程中，而且在高中阶段还专门有简易逻辑知识的学习。调查表明，学生虽然能够解决一些数学问题，但是逻辑推理能力并不强，突出表现为面对不熟悉的数学情境，不会运用逻辑推理方法进行简单的逻辑推理。就合情推理而言，合情推理是数学发现的方法，其中归纳和类比是最常用、最重要的合情推理方法，这些方法的掌握是数学学习能力的重要体现。调查表明，大多数学生主要采用试误方法解题，具有一定的盲目性，有意识、有目的地归纳类比的意识不强，综合运用归纳类比的能力十分薄弱，合情推理能力有待进一步加强。

整体来看，学生对一些重要的数学思想方法已有简单认识，但是数学思想方法却没有真正运用于实际的数学问题解决中，学生将思想方法与数学问题解决割裂了，缺乏运用意识，缺乏目标明确的解决路径，其表现就是灵活运用数学思想方法解决问题的能力较为薄弱，特别是合情推理能力不足。

3.3.4　数学语言素养

《普通高中数学课程标准(2017年版)》明确指出："数学不仅是运算和推理的工具，还是表达和交流的语言。"数学教育要引导学生"会用数学眼光观察世界，会用数学思维思考世界，会用数学语言表达世界"①。因此，课程改革要求学生具备较好的数学语言素养，即理解并掌握数学语言，具备数学表达与交流的能力。而数学语言主要包括文字语言、符号语言和图形语言，为此，所有调查项目中都包括了一道不同语言间转化的试题，一道用数学语言清晰表达的试题。

结果表明，大部分学生的语言转化能力不高，数学语言表达的能力尤为薄弱。主要表现在：

1. 不清楚某种数学语言的内涵和外延，特别是没有真正掌握符号语言和图形语言的意义。比如，研究项目二的第五题，许多学生没有理解反比例函数图象的象限位

① 中华人民共和国教育部. 普通高中数学课程标准(2017年版)[S]. 北京：人民教育出版社，2017：5.

置、二次曲线图象的开口方向以及对称轴等图象语言所蕴含的数学信息；研究项目三的第五题，有些学生只是将 $(32+45-19)\div 5$ 看作一道简单的四则算式，没有认识到其中所蕴含的不能整除的数学意义。

2. 只能意会，不会言表，语言组织和表达没有条理。比如，研究项目一的第五题是一道常见的数学语言能力测试题，对于这道试题，绝大多数学生能够"比葫芦画瓢"——自己照着图形画出来，但是若要求将之表达出来，却词不达意，不知所云；研究项目二的第六题，虽有超过 80%的学生认为记者的解释不合理，但是理由表述却含混不清，有的甚至思维混乱，不知想表达什么意思。

3. 从语言中收集、筛选数学信息的能力不足。任何语言尤其是图形语言都蕴含着丰富的数学信息，以研究项目二的第六题为例，图表中既含有 1998 年、1999 年的抢劫案件数，也能反映出 1998 年到 1999 年案件的绝对增长数，而图形中省略的纵坐标单位，则隐含了较大的 1998 年、1999 年案件的绝对数量，由较大的绝对数量才能看到抢劫数字有较大增长的不合理性；研究项目三的第六题的统计表中，明确指明了统计的对象、时间、内容，以及具体的 10 月 1～3 日两地空气污染指数和对比图形等详细信息，但是大多数学生看到的信息很少，有的仅仅给出一两句表述，有的表述不够具体、明确，难以作出判断。

总之，学生能够运用简单的基本的数学语言解决问题，但是语言间的转化能力不强，数学交流和表达的能力尤其薄弱。

以上关于学生在数学观念层面以及数学知识层面数学素养的表现，一定程度上也反映了学生数学素养的整体状况。整体来看，我国学生在不同年龄层次、不同层面的数学素养方面，都存在一定问题。数学教育需要进一步提高我国学生在数学知识层面的数学素养，需要进一步提升学生在数学观念上的认识，提高学生的整体数学素养。

第4章　实然之教：数学课堂教学的现实样态

课堂是实施素质教育的主阵地，课堂教学质量的高低直接影响到学生的数学素养，数学素养的提高需要通过教师的数学教学才能实现。那么，数学课堂教学又是怎样实施的？是否有利于学生数学素养的提高？对此，有必要了解当前数学课堂教学现状，为改进数学教学水平、提高学生数学素养做准备。

本着这样的思想，我们走进江苏徐州、连云港、淮安、宿迁、盐城、泰州、无锡、南京，以及上海、河南商丘等地几十所中小学，深入一线数学课堂，开展了一系列教学研讨活动，完成了大量课堂教学与教学研讨活动的录像，积累了上百节常态课教学案例以及部分访谈记录。这些为我们研究数学课堂教学的现实样态提供了一手资源。本章首先明确观察内容，再分别揭示课堂教学状态。

4.1　观察主题的确定

课堂教学是一个复杂系统，课堂教学的任何行为都会对学生数学素养的养成有或多或少的影响。数学素养的培养（即使是数学问题素养、思想方法素养等要素的培养），并不是由哪一个教学环节或者哪一种教学行为所单一决定的，而是会受到某一教学行为中的诸多要素的影响，因此，数学素养的培养是数学课堂教学诸多要素共同作用的结果。

虽然数学教学的若干环节对数学素养的诸多要素都会产生影响，但某些教学行为或者教学方式对数学素养的某些要素会产生较大影响。

就数学问题素养、数学思想方法素养、数学语言素养的培养以及数学观的形成而言，首先，"创设情境，提出问题"已经成为一线教师数学课堂教学设计及实施的重要环节，问题情境的核心内涵是基于情境提出数学问题，因此问题情境创设环节的教学，很大程度上影响了学生数学问题素养的养成。

其次，数学思想方法是数学的精髓与灵魂，是数学的重要组成部分，因此也成为重要的教学内容，任何数学课堂教学中都或明或暗地包含着数学思想方法的教学，可以说，数学思想方法的教学贯穿于数学课堂教学始终，也成为培养学生方法素养的重要载体，因此，数学思想方法的教学就成为我们考察的重要内容。

再者，合作学习是新一轮数学课程改革所倡导的重要学习方式，而合作学习的过程必然涉及师生、生生间的沟通交流、语言表达，是考察学生语言表达与交流素养的重要着眼点。同时，通过合作学习完成数学问题解决的过程，必然涉及数学不同语言间的转化，因此，聚焦数学课堂中的合作交流学习活动，能够较好地反映数学课堂教学对学生数学语言素养的培养。

最后，数学观的养成不是一朝一夕之事，而是贯穿于整个数学教育中的。可以说，任何教学行为都会对数学观的形成产生或多或少的影响。例如，如果教师在数学课堂中经常让学生自主探究、动手操作、不断猜想、不断试误，那么，学生就会认识到数学的动态生成性、经验性；如果教师在数学教学中不断强调数学定理的形式证明，那么，学生对数学内容形式化的认识就会进一步强化；如果教师经常要求学生抄写、背诵、默写数学公式定理等内容，学生就会形成这样的观念：背诵、记忆是数学学习的主要方法，学生的主要职责就是接受并记住教师讲授的内容；如果教师不断创设各种问题情境导入新课，则有助于学生多角度认识数学与现实生活以及其他学科的关系，学生可能会更好地感受数学的价值。由于新课程倡导动态多元数学观，而教师如何组织数学探究活动，很大程度上影响了学生动态数学观的形成，因此，数学探究活动的教学也成为本文考察的重要内容。

基于以上认识，本文将重点考察数学课堂教学中问题情境的创设、数学思想方法的教学、合作交流的引导、数学探究活动的实施等方面，以此窥探当前数学课堂教学的现实样态。

4.2　问题情境的创设

新一轮数学课程改革倡导“问题情境——建立模型——解释、应用与拓展”的课程模式，苏教版《普通高中课程标准实验教科书·数学》的内容组织主要形式为：问题情境→学生活动→意义建构→数学理论→数学运用→回顾反思。可见，课程改革将问题情境作为数学知识产生的源头，作为数学课堂教学的起点。在现实数学课堂教学中，问题情境化已成为当前数学课堂教学的一个显性特征①。表现在：教案中，问题情境创设成为课堂教学设计的始点；教学中，教师主要通过问题情境引入新课；研讨中，执教教师大多将问题情境作为设计亮点而阐述其设计意图；点评中，问题情境创设又是专家与听课教师关注的热点。

那么，现实中是如何进行问题情境教学的？特别是，就数学问题素养的培养而言，数学问题情境的创设应发挥什么作用？又是否起到了应有的作用？诸多问题都值得我们思考。只有深入考察问题情境的教学现状，才能找准问题，也才能明确前进的方向。

4.2.1　创设的目的：兴趣与问题意识

【案例 1】　“平均变化率”(苏教版选修 2－2)研讨片段

执教教师：我的教学设计是从特殊的问题情境出发，再到一般的定义，……在教学中，我创设了 4 个问题情境，第一个情境是让学生思考赚钱的快慢，第二个情境是房价变化，第三个情境是股市暴跌，第四个情境是气温变化……

听课教师 1：教师选择了很好的贴近生活的实例，很容易吸引学生参与。

听课教师 2：教师在开始创设了情境，都与现实生活密切相关……这完全符合新课标思想。

① 吴晓红，刘洁，谢明初，袁玲玲，乔健. 现状、反思与构建：数学新课导入情境化[J]. 湖南教育，2009(4).

【案例 2】　“直线与平面垂直”(苏教版必修 2)研讨片段

执教教师由北京天安门广场和旗杆入手，导入直线与平面垂直的课题。

听课教师：……教师在直线与平面垂直的概念以及定理教学中，都比较注意创设恰当的生活情境，学生看得很清楚明白，比较符合新课程理念，也符合苏教版教材的编排体系。

以上案例表明，创设问题情境已经成为数学课堂教学的一个重要组成部分，无论是执教教师还是评课教师，大家都关注到了“创设问题情境”这一教学环节。同时我们发现，一线教师关注的重点是情境，而且这种情境主要是现实情境，将是否创设现实生活情境作为是否体现新课程理念的具体体现。

事实上，这种对现实生活情境的关注，在公开课教学中尤其突出。以 2007 年江苏省高中青年数学教师优秀课观摩与评比活动为例。评优课采用同课异教的方式进行，所有参赛教师同上一个课题——平均变化率。每一位教师都创设了问题情境导入新课，而且每位教师都采用了 1 个以上的源于现实生活的问题情境，来自数学内部、物理学科等方面的问题情境很少。由此看出，教师创设问题情境的关注点是情境，或者说是现实生活情境。教师创设情境导入新课的目的主要在于“吸引学生参与”，数学课堂教学就要关注生活情境。正确认识这种现象是正确实施问题情境教学的关键。

我们知道，数学的发展过程可以看成以下模式：问题的提出→问题的解决→新的问题的提出→新的问题的解决→……，问题的提出与解决对于数学研究至关重要。数学课堂教学是关于数学的教学，数学课堂教学的过程也就是提出问题、解决问题、提出新问题、解决新问题的过程。因此，新课程所倡导的“问题情境”，其核心并非是单纯的情境，而是隐含着数学问题的情境，更确切地说，创设情境的目的是为了提出问题。而问题是学生认知所存在的“困难”或“障碍”，问题的存在引起学生积极思维，激发学生的探究欲望。因而，情境是提出数学问题的背景，从情境中能否提出数学问题，能否产生数学学习要求，是判断问题情境是否恰当的关键。只关注情境而淡化或忽视问题，很容易产生为情境而情境的异化现象。

另外，数学问题也并非一定源于现实生活。事实上，“在数学中研究的不仅是直接从现实世界抽象出来的量的关系和空间形式，而且还研究那些在数学内部以已经形成的数学概念和理论为基础定义出来的关系和形式”①。特别是，一些现代数学概念很难找到甚至找不到现实世界中的直观模型，它们与现实世界的距离非常遥远，以致被说成是思维的自由创造。黄翔更明确指出，“数学问题的表现形式是多种多样的，除了外部所提出的问题总是与相应领域的具体意义相联系而表现为实际应用问题之外，就其内部来看有这样四种类型：一种是自然生长问题，即在一定的知识背景下，顺应逻辑的发展和推演所产生并能用原有知识解决的数学问题，各类数学文献及数学教科书中所出现的大多属此种问题……”② 例如，我们学习了函数概念，然后就要研究其性质，这是数学知识自然发展的需要。可见，并不是所有的数学知识都与现实生活有明显联系，因而，如果对任何数学教学内容都从创设现实生活情境入手导入新课，就难免会牵强附会。

进一步看，情境创设产生异化的根本原因在于，创设情境的目的仅仅是为了吸引学生参与，为了激发学习兴趣，忽视了情境中隐含的数学问题，忽视了问题意识的培养。可见，当前问题情境的创设重在激发兴趣，而忽视了问题意识。如果创设问题情境的关注点仅仅是情境，忽视内隐的数学问题，则学生难以形成问题意识，提出问题的能力也就薄弱；同时，如果简单地认为创设的问题情境一定是现实生活情境，忽视数学知识体系自然衍生的数学问题，则学生面对数学情境就发现不了数学问题，也提不出数学问题。第三章高中毕业生在高斯求和数学情境中，提出的数学问题并不多（表 3 - 4），就是这一现象的反映。

4.2.2　提问的主体：教师与学生

教师注重问题情境的创设，学生是否就能够提出数学问题？

正弦定理是高中数学学习的重要内容，是初中数学解直角三角形的延伸。正弦定理揭示了三角形边与角之间的数量关系，沟通了代数和几何这两大数学分支，在中学数学课程体系中占据着相当重要的地位。不同的教师对正弦定理的导入设计往往有着很大不同。以下两个教学案例是我们深入一线课堂录制的数学常态课，以两位教师

① A. D. 亚历山大洛夫. 数学——它的内容，方法和意义[M]. 孙小礼，赵孟养，裘光明，译. 北京：科学出版社，2012：65.

② 黄翔. 数学方法论选论[M]. 重庆：重庆大学出版社，1995：53.

“正弦定理”的课题导入为案例，分析探讨上述问题。

一、课题导入实录①

我们分别把两位教师记作教师甲、教师乙。

1. 教师甲的导入实录

师：在必修四中我们学习了三角函数的知识，请大家回忆一下，三角函数是如何表示的？

生：线段长度之比。

（学生自由讨论，回答问题）

教师根据学生回答板书：

① $A+B+C=180°$；

② $a+b>c$，$a-b<c$；

③ $a>b \Leftrightarrow A>B$。

师：从角角关系到边边关系，再到边角关系，结合三角函数知识，能否得到更精细的边角关系？

师：以$\triangle ABC$为例，其中有哪些量？

（学生自由讨论，回答问题）

教师根据学生回答板书：

边长；角度；角的正弦、余弦、正切。

师：三角函数值与边存在什么关系吗？怎样探究这种关系？

生：可以采取特例分析，从特殊到一般。

师：从特殊到一般是很重要的研究方法，针对这一情境我们该怎么处理？

生：取一个特殊的三角形，比如直角三角形，观察上述量的关系问题。

教师画出$\mathrm{Rt}\triangle ABC$，其中$C=90°$。

学生讨论，教师根据学生回答板书：

① $\sin A=\dfrac{a}{c}$，$\sin B=\dfrac{b}{c}$，$\sin C=1$；

---

① 高银，吴晓红. 什么是有效的课题引入——基于两节正弦定理课的比较分析[J]. 江苏教育学报（自然科学版），2012(6).

② $\cos A=\frac{b}{c}$，$\cos B=\frac{a}{c}$，$\cos C=0$；

③ $\tan A=\frac{a}{b}$，$\tan B=\frac{b}{a}$，$\tan C$ 不存在。

师：我们先看①，有何发现？

生：A、B 两角的正弦值具有相同的分母，而 C 的正弦值也可以写成是 $\sin C=1=\frac{c}{c}$，即三者具有相同的分母，分子恰好是三个角的对边。

师：进一步总结，可以得到什么关系？

生：直角三角形中，各边与其对角的正弦之比相等。

教师板书：$\frac{a}{\sin A}=\frac{b}{\sin B}=\frac{c}{\sin C}$。

师：对于任意$\triangle ABC$，这样的一个关系成立吗？

（学生有些疑虑）

师：这就是本节课我们要探讨的知识——正弦定理。关于②③，我们在以后的学习中将逐渐进行探讨。

2. 教师乙的导入实录

师：先看这样的一个问题。

（多媒体展示）某县为了建设跨河大桥，需要测量河两岸两桥基 A 与 B 点的距离，测量人员在 B 点所在一侧选择 C 点，测得 BC 长为 1 km，测得 $\angle ACB=102.4^\circ$，$\angle ABC=74.5^\circ$，能确定桥基 A、B 间的距离吗？

师：遇见这样一个实际问题，我们如何处理？

生：建立数学模型，将实际问题转化为数学问题。

生：可转化为，在$\triangle ABC$ 中，已知 $\angle B=74.5^\circ$，$\angle C=102.4^\circ$，$BC=1$ km，求 AB。

师：这是怎样一类数学问题？

生：已知三角形中，给出两角及其夹边，求另一边。

师：如何解决这样一类问题？可以采用什么方法探究？

生：由特例入手，从特殊到一般。

生：先考查直角三角形中的情形。

师：很好，我们以正弦函数为例，看看边角之间存在怎样的联系？

（学生自由讨论）

教师根据学生回答板书：

$\sin A=\frac{a}{c}$，$\sin B=\frac{b}{c}$，$\sin C=1$。

师：有什么联系或者相同点？

生：A、B 两角的正弦值具有相同的分母，而 $\sin C=1=\frac{c}{c}$，它们具有相同的分母. 分子都是角的对边。

生：直角三角形中，各边和它对角的正弦之比相等。

教师板书：$\frac{a}{\sin A}=\frac{b}{\sin B}=\frac{c}{\sin C}$。

师：那么对于一般的三角形，等式是否仍然成立？我们先利用几何画板看一看几个一般三角形的情况。

师：这就是本节课我们要一起探讨的课题——正弦定理。

二、分析与思考

从中看出，两位教师创设了不同的问题情境：

教师甲偏重于数学本身的问题情境，通过引导学生对三角函数的知识进行复习，将学生的视线集中到三角形中内角三角函数值与边长关系的探究之中，再由从一般到特殊的数学解题思想，激发学生探究的兴趣。三角函数知识为学生“发现”数学“规律”提供了基础，使学生经历定理的“再创造”，在一定程度上体现了知识在学科内部的“生长过程”。这样的一个“生长过程”，引领着学生进行自主探索，提高了学生的数学思维水平和解题能力。

教师乙偏重于现实生活的问题情境，教师从实际生活出发构建问题情境，激起了学生对三角形边角关系探究的动机，进而引导学生建立数学模型，将实际问题转化为数学问题，学生、教师在不断互动中探索新知。这样一个实际问题的情境创设，往往有助于激发学生的学习动机，引发学生探索的兴趣，体现了数学学科源于生活又服务于生活的特点。

表面上看，正弦定理的教学创设了问题情境，提出了数学问题，顺利地引出了新课。但进一步看，无论是数学内部的问题情境还是现实生活情境，一个共同的特点是，教师只是将创设的问题情境作为引出课题的一个背景，而忽视了创设问题情境需要考虑的一个重要问题：提出问题的主体是谁。教师甲在导入过程中共提出了 8 个问题，教师乙提出了 7 个问题，但是提出问题的主体是教师而不是学生。教师情境导入的过程就是“师问——生答”的过程，通过教师不断问，学生不停答，一步一步引出课题。

这样的问题情境，其创设的重点是教而不是学，是教师在情境中不断提出问题，而不是学生不断提出问题；是教师引导出教学课题，而不是学生由困惑产生学习问题。这样的教学，学生没有提出问题的意识，特别是对于开放性的事实性的情境描述，学生更是发现不了问题，当然也提不出数学问题。调查研究中所反映的学生问题素养的情况充分说明了这一点，比如，当高中生面对高斯问题时，提不出问题。

4.2.3　问题情境的内容：情境、经验与数学

在与一线数学教师的教学研讨中，我们发现，执教教师在教学设计时首先思考的是：选取哪些素材创设情境？哪些情境可以激发学生的兴趣？于是，神舟七号飞船、奥运会题材、股票等都成为教师选取的典型内容。听课教师评价的视角，主要从创设的情境是否是现实生活的内容、是否为学生所熟悉等角度进行点评，如：“从神舟七号飞船上天导入向量的分解，具有时代性，学生也很熟悉。”

可见，大部分教师设计问题情境的重点是情境内容，或者说是情境素材的选取。教师思考的主要问题是：是否创设了具体、生动、直观的情境？选取哪些生活素材？这些素材是否为学生所熟悉？是否激发了学生的兴趣？等等。而且这些情境内容的设计、素材的选取，主要是基于教学法的考虑：从学生所熟悉的、感兴趣的生活情境入手，便于学生理解、接受。

而事实上，问题情境的创设涉及三种不同的“内容”①：情境内容；学生经验内容；数学内容。情境内容是指教师创设问题情境选取的素材，例如神舟七号卫星上天的素材；学生经验内容是指学生所具有的知识和经验，例如学生从电视、报纸以及与同学交

---

① 吴晓红，刘洁，谢明初，袁玲玲，乔健. 现状、反思与构建：数学新课导入情境化[J]. 湖南教育，2009(4).

流中知道了神舟卫星上天的事实，对神舟卫星上天有了一点感性认识；数学内容是指学生在课堂中学习的数学知识、思想方法，即教材中的数学教学内容。

许多教师思考的重点在于创设什么情境内容，以及从教学法的角度如何创设情境。前者主要为了将情境内容与学生经验内容建立联系，后者主要是考虑学生的可接受性。无论哪种考虑，其情境的选择主要是在学生熟悉的内容基础上创设情境，考虑学生的了解情况，激发学生的学习兴趣。比如，“从神舟七号飞船上天导入向量的分解，具有时代性，学生也很熟悉”，就是为了将情境内容与学生的经验建立起联系，由“天安门广场的旗杆与广场”引入，也是基于学生对这一情境较为熟悉，学生能够根据自己的经验知识了解情境内容。

以下是“向量的分解”的教学片段：

师：2008 年是不平凡的一年，“神七”问天，让世人瞩目。让我们重温那振奋人心的一刻。

（播放神舟七号飞船上天录像，从点火倒计时，到上天后火箭在天上的飞行，中间还有三位宇航员在飞船中的镜头，最后定格于火箭倾斜于空中的画面。）

师：在此刻将录像定格。此时神箭一个倾斜向上的速度，我们可以把它分解为水平和垂直两个方向的分速度。（教师操作计算机键盘对向量进行了分解。）

……

课后，我们针对这节课的导入内容与学生进行了个别交流。绝大部分学生已不记得导入的内容，只记得由神舟七号导入的，至于导入出了什么结果，本节课与神舟七号有何关系，学生基本不知道。看来，创设这一情境的确能够吸引学生的兴趣，但是课后调查表明，学生的兴趣点在神舟七号而不是向量，或者说没有在神舟七号和向量之间建立起联系。另外，神舟七号的信息量太大，学生难以从中发现数学问题，也难以从中“看到”要学习的数学内容。从根本上说，主要问题在于教师考虑的是情境内容的时代性，以及学生的兴趣，而没有注意到情境内容与数学内容的直接相关性。

由此，当前的情境化导入也就表现出这样的状况：重视情境内容与学生经验内容的联系，忽视数学内容与学生经验内容以及情境内容的联系；重视从教学法角度选材，忽视考虑数学学科本身的特性。从根本上说，就是缺少三种情境的融合，难以使学生真正认识数学，难以感受到数学的价值。这从另一个角度再次证实了调查研究的结果：学生能够从所熟悉的生活情境中提出数学问题，但是对于较为开放性的、没有明确问题指向的情境，难以提出数学问题；学生知道数学在生活中的有用性，但对数学本质的认识还不够清晰，不了解数学的文化价值以及对人的发展的影响。

4.3　合作交流的引领

A. A. 斯托利亚尔指出："如果我们同意，数学在某方面是描述其他科学和实践活动中产生的实际情况的专门语言，同意解决数学以外产生的问题首先要把这些问题翻译成数学语言并且把所得结果再从数学语言翻回原来那个学科领域的语言，最后，如果认为懂得数学就意味着会用它去解决生活中、各科学技术领域中以及实践活动中产生的各种问题，那么，十分清楚，数学教学也就是数学语言的教学。"①

事实上，如果没有必要的语言素养，学生便难以从繁杂的问题情境中抽象出数学问题，更不用说运用数学的思想方法解决实际问题和具备相应的观念素养了。因而，数学语言的教学在课堂教学中具有至关重要的地位，学生数学语言素养的高低直接影响到其他素养的高低，也制约着学生个人素养的高低。那么，现阶段的数学课堂教学正在经历怎样的数学语言教学呢？

由于数学语言素养的培养贯穿于数学课堂教学始终，而合作学习是突显学生数学语言交流的重要学习方式，也是我国新一轮课程改革所大力倡导的重要学习方式，合作学习的过程必然涉及师生、生生间的沟通交流、语言表达，因此，以下重点着眼于数学课堂教学中的合作学习交流，考察数学语言教学的现实情况。

4.3.1　合作交流的对象与表达

如果说有效的数学语言教学是数学课堂教学的关键所在，那么多维的、规范的语言交流就是数学课堂教学有效性的重要保障。《普通高中数学课程标准（实验）》将"提高数学地提出、分析和解决问题的能力，数学表达和交流的能力，发展独立获取数学知

---

① A. A. 斯托利亚尔. 数学教育学[M]. 丁尔陞等，译. 北京：人民教育出版社，1984：224.

识的能力”[①]作为一个重要的课程目标，同时还指出，“数学语言具有精确、简约、形式化等特点，能否恰当地运用数学语言及自然语言进行表达与交流是评价的重要内容”[②]。《义务教育数学课程标准(2011年版)》更是将“数感、符号感、几何直观”等作为课程的十大核心概念的重要组成部分。可见，学生是否学会数学地表达和交流是衡量数学课堂教学成败的一个重要的考察指标。

基础教育数学课程改革以来，教师越来越重视数学语言的交流，也越来越多地为学生创造交流合作的机会。不同于传统课堂教师的一言堂的局面，现阶段的教学活动都是在生生互动、师生互动的模式之下进行的，大部分知识的阐述过程都是在生生、师生的交流过程中进行的。

下面的勾股定理教学案例值得我们思考。

操作Ⅱ. 如图(4-1)为一个直角边长为3和4的直角三角形，将它放在网格中，网格中每个小方格的边长为1，请分别以三角形三边向外作正方形，并以小组为单位讨论下面的问题：

(1) 类比操作题Ⅰ，以三边为边长求作正方形；

(2) 分别求出三个正方形的面积；

(3) 我们在等腰直角三角形中发现的面积间的规律在非等腰的直角三角形中成立吗?

师：四人为一组，前排转身面对后排同学，小组交流讨论，求作三个正方形，求出它们的面积。

(学生组内合作情况：此时，前排学生转身，每人拿出自己的笔、纸，一边看PPT，一边独立作图求解)

生1：你怎么作的啊?

生2：(指着图)就是这么作的。

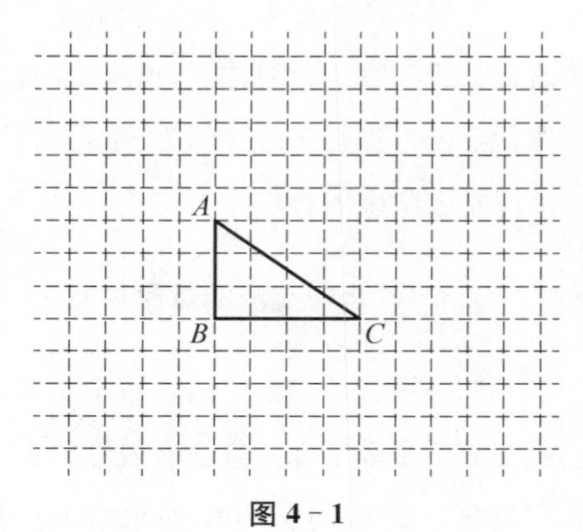

图4-1

① 中华人民共和国教育部. 普通高中数学课程标准(实验)[S]. 北京：人民教育出版社，2003：11.
② 同上书，第114页。

……

生3：你求出来的两个小正方形面积是多少啊？

生4：9，16。

生3：嗯，我求的也是的。

……

生5：（看了看其他同学的作图，小声问道）你大正方形面积怎么求的啊？

生6：自己看。

其他成员并未对其进行理睬。

……

几分钟之后，教师要求学生停止合作，一起看黑板。

师：两个小正方形的面积各是多少？

生7：9和16。

师：大正方形的面积呢？

生7：25。

师：很好，小正方形的面积比较容易得到，大正方形的面积是怎么得到的呢？

生7：（想了一会儿，指着自己所作的图）就是这样画一下，这边画一下，把正方形面积分成几个小部分，然后把面积加起来，就得到了面积为25。

师：（看了看图）嗯，很好。这样我们得到了三个面积，它们有什么关系吗？

生7：9＋16＝25。

案例中，教师在探究题求解过程中难点攻克的需求下，学生进行有效的组内交流，提取信息，解决问题，从而探索勾股定理，认识勾股定理，并在此过程中提高学生的数学语言水平。在实际的教学中，每组前面两名同学都转身面对后面的学生，也有一些“语言交流”，一些学生在遇到困难的时候都在向组内成员寻找帮助，一些学生在得出答案后与同组成员核对答案、观察做法。表面上看来，学生进行了一定的合作交流，探究出了三个正方形的面积，为后续的教学活动奠定了基础。但是，仔细品味之下，我们不难发现，这样的语言交流，交流的对象过于单一，表达交流过于随意。

首先，学生并没有就相关的数学问题进行讨论，对于小正方形面积的求解是各自为政的，有限的交流也不过是他们在彼此验证答案正确与否而已。他们并没有就问题本身展开讨论，学生的语言交流能力也没有得到提高，尤其是数学语言的交流能力。同时，教师也并没有对这样的问题作出相应的反应，在学生长达几分钟的合作探究中，教师几乎一言未发，造成了教学活动的一些小混乱。可见，这样的语言交流的对象过于单一。

其次，对于部分小组成员的询问，一些成员只是指着自己的求作图形、求解过程让其自己观察，并没有为其进行准确有效的解答表述，而另一些成员甚至对他人漠不关心。有限的语言交流并没有能够加深他们对知识的认识，也没有能够运用准确的数学语言将自己的结果分享给组内其他成员，学生语言表达的水平并没有得到强化和提高。可见，这样的语言交流过于随意。

在后续的探索总结中，教师是通过引导学生对比正方形面积而得出等量关系的，在一定程度上体现了教学活动中教师对师生间语言交流的关注，结合前面合作探究的过程，通过师生间的问答过程，给出了交流合作的成果。但通过仔细分析，我们不难发现，这样的交流过程仅仅局限于师生一问一答的层面，而对于教师提出的如何求解大正方形的问题，学生也只是让教师观察他的解答过程，并没有能够就自己的解答过程作出有效的阐述。事实上，学生不会表述正是在前面的合作中其没有为其他成员进行解答的一个重要原因。

与此同时，教师也并没有就学生探究过程引导学生进行深入的交流分析，其他学生更没有就求解过程提出疑问。虽然有了师生的交流，但大部分学生却被置于这样的师生交流之外，交流的对象仍显单一。另外，前面一些学生在探究过程中的疑惑并没有得到解决，进而产生知识脱节的严重后果。

事实上，数学语言具有简练、准确、严谨、抽象等重要特征，这也是数学语言区别于日常语言的一个重要方面。而正是这种抽象严谨才使得数学语言具有了更为广泛的应用性，同时，数学结构和数学思维本身的严谨性也决定了数学语言的严谨性。从某种程度上来说，学生并不能够在短期内学会准确的数学表达，数学语言能力是一个长期而艰巨的任务。而相对于学生来说，教师具有较高的数学素养，拥有规范的数学语言素养和数学语言表达能力，数学教师在课堂教学中居于学习共同体的核心位置。在教学活动中，教师不仅是组织者，更是引导者、监控者。因而，在课堂教学中，启发引导学生学会数学地交流与表达，规范学生的数学语言，监控学生间的语言交流是教师的一个重要任务。

显然，在现实的教学活动中，由于部分教师并没有对数学语言进行深刻的认知，造成了数学语言交流对象单一化与语言交流随意化的现象，主要表现为教师放任学生进行“交流”，而没有及时有效地监督规范；数学语言交流较为随意，应有的数学严谨性有较大的不足，甚至造成了学生不愿表达、不会表达的严重后果。案例中，在学生小组交流的过程中，教师并没有对学生的交流活动给予及时有效的督促引导，而在学生不能表达其解答过程的时候，教师并没有给予及时有效的引导揭示，帮助其完成对探究结果的阐述，而只是观察学生的解答过程，对答案进行简单的公布而已。因而，数学语言教学中，语言交流对象的维度有待加强，语言交流的规范性有待提高。

4.3.2　数学语言交流的内容与转化

数学语言分为符号语言、文字语言和图表语言，三类语言之间的相互转换在数学语言学习中占有重要的地位。数学语言的这三种类型又有着各自的优缺点。正如邵光华等人指出的：“文字语言通俗、易懂，但描述起来是线性的，不易表露知识的内在结构；数学符号虽然抽象，但十分简洁，表述起来给人以结构感；图表语言比文字语言和符号语言更具直观性，容易形成表象。”①

事实上，这三类语言是相辅相成的，只有将这三类语言进行有效的转化结合，才能更为有效地进行数学语言的教学，才能准确地表达出所要表达的数学思想内容。因而，数学语言教学的内容主要体现在对三类语言的关注，以及三类语言之间的转换之上。

新一轮数学课程改革以来，在实际教学中，或是受课程理念影响，或是出于教材的考虑，或是受一些示范课影响，不同于以往就题讲题、就公式讲公式的教学内容创设，广大一线教师也逐渐学会了从多角度、多知识进行阐述。就数学语言的教学而言，他们已经渐渐采用多种语言并举的方式进行具体知识的教学分析。下面是我们考察的一个教学片段。

---

① 邵光华，刘明海. 数学语言及其教学研究[J]. 课程・教材・教法，2005(2).

【案例3】　教学内容3：乘法公式(一)——完全平方公式

问题：如图(4-2)，如何计算大正方形的面积？

生1：大正方形的边长是$a+b$，所以大正方形的面积就是边长的平方，$S_{大}=(a+b)^2$。

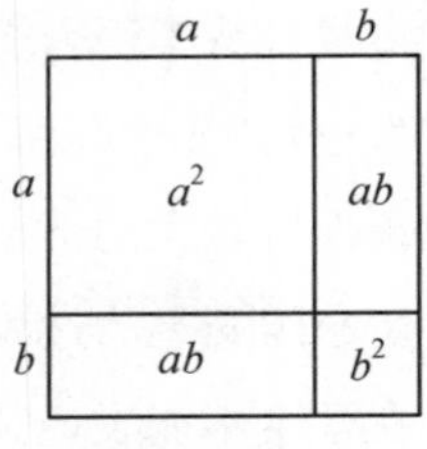

图4-2

师：很好，还有同学有其他不同的解法吗？

生2：可以把大正方形的面积看成是两个小正方形面积和两个小长方形面积的和，就有$S_{大}=a^2+b^2+ab+ab=a^2+2ab+b^2$。

师：这样可以得到什么？

生3：$(a+b)^2=a^2+2ab+b^2$。

师：这就是我们本节课所要学习的内容——完全平方公式。能不能用多项式乘以多项式的法则验证这个结论呢？

生4：能，$(a+b)^2=(a+b)(a+b)=a^2+ab+ab+b^2=a^2+2ab+b^2$。

师：很好，下面我们看几个例题。

例1　(1) $(x+4)^2$；(2) $(a+2b)^2$　(3) $(a-b)^2$。

三位学生黑板板演，其他学生在进行运算。

板书：(1) $(x+4)^2=x^2+2\times x\times 4+4^2=x^2+8x+16$；

(2) $(a+2b)^2=(a+2b)(a+2b)=a^2+2ab+2ab+(2b)^2=a^2+4ab+4b^2$；

(3) $(a-b)^2=(a-b)(a-b)=a^2-ab-ab-b\times(-b)=a^2-2ab+b^2$。

师：大家一起看黑板，结果都是对的。注意一下，后面两道题没有用我们刚学的公式，以后要注意公式的使用。好，再看第三题，跟我们的公式有什么区别和联系吗？

学生疑惑，没有人回答。

师：如果将$-b$看成是一个整体如何？

生5：哦，就可以这样，$(a-b)^2=a^2+2\times a\times(-b)+(-b)^2=a^2-2ab+b^2$。

师：是的，很好！我们再观察一下小题(3)，它有什么特别的吗？

生6：它是公式的另一种形式，前面的公式是两个数的和的平方，这是两个数的差的平方。

师：嗯，很好，这就是完全平方公式的另一种形式。好，我们看下面的练习题。

……

案例中，教师从正方形面积的两种求法入手，结合图形语言的直观性，给出了完全平方公式，进而引导学生利用前面已经学习掌握的多项式乘法法则，对发现的数学公式进行证明验证，从而给出了完全平方公式。表面上看来，这样的教学从图形语言和符号语言两个角度对数学知识进行了阐述，无论是对学生的知识掌握还是数学语言水平的提高都是大有裨益的，采用的语言教学模式是完全成功的。但深入分析可以发现，这样的语言教学并不是成功的，还有许多不足之处。虽然采用了两种数学语言，但是这两种数学语言之间的关系是割裂的，语言之间的转化也是浅层的。

首先，虽然案例中公式的得出是通过正方形面积的图形语言，但教师并没有运用图形语言的直观性对公式的特点进行分析，图形语言只是充当了符号语言的一个引出手段而已。同时，在公式得出后，教师也并没有使用通俗易懂的文字语言对公式进行阐述分析。这样的割裂就使得学生对公式的掌握和应用产生了一定的障碍。从案例中我们可以看出，虽然学生学习了完全平方公式，却并没有将其有效地运用到具体的解题过程之中，这正说明学生没有有效地理解公式的内涵以及运用公式进行运算。因而，对完全平方公式这一内容的教学阐述不仅应该从图形语言和符号语言上进行阐述，也需要从文字语言上进行必要的概括分析，同时这三种数学语言的分析需要进行有效的融合。

事实上，教学语言的割裂化直接造成学生对公式理解的生疏性，造成了例题演练中学生直接采用多项式乘法公式而不是完全平方公式进行运算的结果。而即便这样，教师仍然只是强行地引领学生使用公式进行运算，并没有就公式的便利性进行必要的说明。可见，在现实的教学活动中，虽然大部分教师已经认识到了从多种语言角度对数学对象进行阐述的重要性，但是很多教师并没有认识到将各类型数学语言进行联合分析阐述的重要性，这就造成了在实际的教学中对各类型语言教学的割裂化，没有积极地将多种数学语言联系在一起对数学对象进行深入的分析阐述，各类数学语言分析阐述的割裂化是现实教学的一个较大的不足。事实上，这样的教学活动，并不能有效地使学生对知识进行掌握，不能使学生有效地认识到数学语言的句法结构和语义特征。

其次，在教学过程中，教师通过正方形面积的计算得出完全平方公式，这本是完全平方公式一个较为形象的图形语言的解释，但是教师却仅仅让其沦为"发现"公式的一个工具，并没有引导学生对图形语言与符号语言进行有效的转换。比如，教师并没有强调小正方形表示的是 a^2、b^2，而小长方形表示的是 $2ab$。虽然分别从几个方面对公式进行了阐述，但时间一长，学生仍然会犯"$(a\pm b)^2=a^2\pm b^2$"的错误。而对公式特征的文字语言的归纳也仅仅停留于较为表面的层次，这使得学生对公式的理解也不免停留在较为低级的水平。而这样的教学也不利于学生形成各类语言相互转化的意识，更不用说语言转化的能力了。

可见，在实际的教学中，很多教师即便对数学语言的几种类型都作了一定的阐述，但是，他们对几类语言的阐述大多是割裂的。比如，案例中教师用图形语言的面积计算只是充当了完全平方公式的直观解释。教师并没有引导学生对数学语言的转化进行总结分析，图形语言仅仅沦为了符号语言的一个发现手段，学生在掌握公式的符号语言之后，便将图形语言、文字语言都丢弃一旁，而这也就给定理的后续运用埋下了隐患。

数学语言教学所存在的问题，正是导致学生数学语言素养较为薄弱的一个重要原因。

4.3.3 合作交流的形式与重点

新课改以来，学生的主体地位逐渐得到注重。在实际教学中，广大一线教师都试图给学生创造合作交流的机会，让学生通过自己的合作交流对知识进行初步的探索，激发学生的学习兴趣和动机，提升学生数学语言表达与交流能力。那么，一线数学课堂是如何实施合作交流的？在合作交流中又存在哪些问题呢？

我们仍然以实际发生的一线数学课堂教学为例，进行说明。

【案例 4】　　　教学内容 1：抛物线及其标准方程

操作题 1. 将一张长方形纸片 $ABCD$ 的一只角斜折，使 D 点总是落在对边

AB 上，记为 F 点，然后展开纸片，得到一条折痕 l（为了看清楚，可以把直线 l 画出来）。这样继续下去，得到若干折痕。观察这些折痕围成的轮廓，它们形成何种曲线？

师：四人为一组，前排学生后转。拿出一张矩形纸，按照题目的要求进行操作，F 点尽量取在中间不要靠边取。

（学生按照教师的要求前排转身向后，四人一组，拿着纸片进行折叠画点。）

师：大家描出 5、6 个点就可以了，想一想会形成什么样的曲线？折叠过程是第一次先折一次，第二次再折使得这两个点重合，研究的是两条折痕的交点的轨迹。

……

生 1：怎么叠？

生 2：（指着图）就这样叠。

……

生 3：你叠出来什么了？

生 4：（指指图，没有说话。）

……

师：好，都叠出来了吧？来，这位同学，说一下你的想法。

生：我是这样折叠的。

学生开始展示他的折叠过程。（折叠好以后）

生：应该是一个抛物线。

师：好，我们看下一个题目。

这是一堂教学研究公开课的片断实录，在这节课中，教师希望通过学生的动手操作，以及组间的合作交流，发现抛物线的包络，进而对抛物线标准方程的提出进行铺垫。表面上看，在这样一个环节中，学生小组都经过一个合作探究的过程，最后也基本上折叠出了抛物线的包络，为后续的教学奠定了基础。但实际上，这样的一个合作交流活动，学生主要是独立操作，仅仅停留在“做”数学的层次，大多数时候学生都在埋头进行各自的折叠，他们没有或者并不具备将自己的探索过程用语言表达出来的心向和能力。

首先，在教师提出问题之后，他们并没就问题进行分析讨论，而是直接拿出一张纸试图折叠。从教学实录中我们可以看到，学生 1 在没能读懂题的情况下也只是问其他人怎么叠，并没有就题目中的疑问进行提问。学生 2 也没有对学生 1 的疑问展开解释，而只是简单地指着自己的操作让其模仿。

其次，经过折叠发现答案之后，小组内的学生也并没有就得出的结果进行讨论。从教师对学生探究结果的询问上，我们也可以看出，学生并不能够将其探索的过程和结果用数学语言流利地表达出来，而教师对这一情况也没有给出任何的回应。

实际上，这种重“做”轻“说”的牵强合作的小组学习在数学课堂教学中时有发生。例如，以下是一节小学“平移”的教学设计：

合作交流，内化知识

师：我们来到美丽的小湖边，看，小船这时在作什么运动？湖上的小鸭子呢？（多媒体分别演示平移运动，如图 4 - 3 所示）

图 4 - 3

小组合作，运用平移知识在一张纸上设计六只小鸭子的队形。

这一教学设计中的合作交流活动，实际上是学生独立设计的“做”数学，难以出现学生交流表达设计活动过程与结果的“说”数学。

可见，实际的教学活动中，教师并没有认识到有效交流在合作学习中的重要性。现实的合作交流，更多倾向于合作操作、一起执行，而缺乏对学生“讲”出来的重视。这样的合作仅仅是行动上的形式合作，没有语言的表达与交流，没有成果的分享与学习，数学语言素养难以提高。

4.4　数学思想方法的教学

数学思想方法是数学的灵魂，重视数学思想方法的教学已成为各国数学教育课程改革的共识。例如，美国全国数学教师理事会在《面向 21 世纪的基础教学》报告中明确指出："现代数学素养包含数学知识、数学思维、数学方法、数学思想、数学技能、数学能力、个性品质七个方面的内容。"① 我国 2001 年颁布的《全日制义务教育数学课程标准（实验稿）》指出："通过义务教育阶段的数学学习，学生能够获得适应未来社会生活和进一步发展所必需的重要数学知识（包括数学事实、数学活动经验）以及基本的数学思想方法和必要的应用技能。"② 在《义务教育数学课程标准（2011 年版）》中又进一步明确："通过义务教育阶段的数学学习，学生能获得适应社会生活和进一步发展所必需的数学的基础知识、基本技能、基本思想、基本活动经验。"③ 把"双基"扩展为"四基"，数学思想方法成为学生数学学习必需具备的数学素养。2003 年颁布的《普通高中数学课程标准（实验）》中，高中数学课程的具体目标之一是："获得必要的数学基础知识和基本技能，理解基本的数学概念、数学结论的本质，了解概念、结论等产生的背景、应用，体会其中所蕴含的数学思想和方法，以及它们在后续学习中的作用。"④《普通高中数学课程标准（2017 年版）》进一步强化了"四基"，突出了数学思想方法。

在数学思想方法成为当前课程改革核心内容的今天，我们有必要分析思考：当前数学课堂应进行怎样的数学思想方法的教学？⑤

4.4.1　认识：两种数学思想方法的教学

在数学、数学教育领域乃至日常生活中，数学思想方法这一概念经常会被人们提及，关于数学思想方法及其教学的研究成果很多，但是观点并不统一。

---

① 胡典顺. 数学素养研究综述[J]. 课程・教材・教法，2010(12).
② 中华人民共和国教育部. 全日制义务教育数学课程标准（实验稿）[S]. 北京：北京师范大学出版社，2001：6.
③ 中华人民共和国教育部. 义务教育数学课程标准（2011 年版）[S]. 北京：北京师范大学出版社，2012：8.
④ 中华人民共和国教育部. 普通高中数学课程标准（实验）[S]. 北京：人民教育出版社，2003：11.
⑤ 本部分由江苏师范大学硕士研究生束艳主笔.

熊惠民在《数学思想方法通论》中写道："数学思想方法是数学思想与数学方法的合称。所谓数学思想是指从具体的数学内容中提炼出来的对数学知识的本质认识，它在数学认识活动中被普遍使用，是建立数学理论和解决数学问题的指导思想。所谓数学方法是指研究数学问题过程中所采用的手段、途径、方式、步骤、程序等，它通过一些可操作的规则或模式达到某种预期的目的。数学思想与数学方法之间的关系表现在如下几个方面：首先，数学思想和数学方法是层次不同的两个概念。其次，数学思想和数学方法是紧密联系的。最后，数学思想和数学方法在实际使用时往往不加区别。"①

张奠宙、宋乃庆教授指出："评价一堂数学课能否属于高品位的数学教学，首先要关注教学过程是否揭示了数学的本质，让学生理解数学内容的精神。这里所说的本质与精神，就是数学思想方法。从宏观到微观看待数学思想方法，可以将数学方法分成四个层次：第一，基本的和重大的数学思想方法；第二，与一般科学方法相应的数学方法；第三，数学中特有的方法；第四，中学数学中的解题方法。"②

郑毓信教授认为：数学思想有两种意义。"数学思想的第一种意义是在与具体数学知识内容（特别是就其最终的、严格的表述形式而言）相对立的意义上得到了应用，即对于数学研究活动中的思维活动与思维活动的产物作出了明确的区分。这里所说的数学思想不同于相应的知识内容，但是两者之间存在紧密的联系，特别是数学思想并不具有普遍的意义，因此，第一种意义上的数学思想的一个重要特征是其从属于具体的数学知识。数学思想的第二种意义则是指与具体数学知识内容相分离，并具有更大的普遍意义的思维模式或原则。第二种意义上的数学思想具有更强的方法论意义，此时特称为数学思想方法（或数学思维方法）。"③

罗增儒教授认为："在中学教学阶段，往往不对'数学思想方法'与'数学思想'、'数学方法'作严格的理论区分，思想是其相应内容方法的精神实质，方法则是实现有关思想的策略方式（有数学方法是数学思想的程序化之说）。同一个数学成就，当人们用于解决问题时，称之为方法；当人们评价其在数学体系中的价值和意义时，又称之为思

---

① 熊惠民. 数学思想方法通论[M]. 北京：科学出版社，2010.

② 张奠宙，宋乃庆. 数学教育概论[M]. 北京：高等教育出版社，2009.

③ 郑毓信. 数学方法论入门[M]. 杭州：浙江教育出版社，2006.

想；当人们用这种思想去观察和思考问题时，则又成为观点。”①

由此可见，人们对“什么是数学思想方法”的看法很多，众多“大家”们的观点并不统一，有的将数学思想与数学方法看作不同的概念，更多研究者不再严格区分数学思想与数学方法，而是统称为数学思想方法。

在此，我们不对数学思想方法的界定作评论，而是统称为数学思想方法，主要关注数学思想方法的教学。

通过考察当前数学思想方法教学的现状，我们发现，在实际的数学课堂教学中，存在两种意义下的数学思想方法教学。

具体地说，在数学教材中，绝大多数是以数学知识为体系进行编排的，诸多重要的数学思想方法都包含在数学知识之中。以“一元一次方程”为例，张奠宙等人认为②，一元一次方程中包含的数学思想方法有：“化归方法，化到 $ax=b$ 的标准型；未知到已知的转换；变化的过程是‘同解’的，即变化中的‘不变’思想；方程解法和算术解法的思想路线是相反的。”这种编排体系将数学思想方法内隐于数学知识之中，于是也就有“挖掘数学教材中隐含的数学思想方法”之说。相应地，关于数学思想方法教学的关键词是“渗透”，诸如：“数学思想方法教学的化隐为显原则，强调把藏在知识背后的数学思想方法显示出来”③“课堂教学中几种渗透数学思想的方式”④“例谈数列复习中数学思想的渗透”⑤“在课堂教学中如何渗透数学思想方法”⑥，等等。

这些都说明，数学思想方法的教学从属于数学知识的教学，开展数学思想方法教学的主要目的是为数学知识的教学服务。在此意义下的数学思想方法的教学，我们称之为隐性教学。

另外，数学科学的现代发展表明，“数学不应简单地被等同于数学知识的汇集，而应被看成是由理论、方法、问题和符号语言等多种成分所组成的一个复合体”⑦。这说

① 罗增儒. 数学思想方法的教学[J]. 中学教研，2004(7).
② 张奠宙，郑振初. “四基”数学模块教学的构建——兼谈数学思想方法的教学[J]. 数学教育学报，2011(5).
③ 上海市黄浦区数学方法论研究小组. 关于数学思想方法训练序的研究[J]. 数学教育学报，1994(2).
④ 徐伟建，吴冬琴. 课堂教学中几种渗透数学思想的方式[J]. 教学与管理，2011(4).
⑤ 卞维清. 例谈数列复习中数学思想的渗透[J]. 中学教学参考，2012(35).
⑥ 张静. 在课堂教学中如何渗透数学思想方法[J]. 广西教育，2012(37).
⑦ 郑毓信. 数学教育哲学[M]. 成都：四川教育出版社，2001.

明，方法是数学活动的重要成分。因此，数学课堂教学不仅要有数学知识的教学，同时也要有数学方法的直接教学，即数学思想方法不是从属于数学知识的教学，而是直接成为数学课堂教学的内容，此种意义下的数学思想方法教学，我们称之为数学思想方法显性教学。

事实上，我们关于数学思想方法显性教学的划分，有重要的现实依据，在新一轮数学课程改革中有突出的体现。新一轮课程改革之后，数学教材在编排上发生了重大变化，融入了很多非具体数学知识的教学内容。以义务教育阶段苏教版数学教材和普通高中苏教版教材为例。小学四年级到六年级的每一册中都新增了独立的单元“解决问题的策略”，依次介绍列表、画图、一一列举、倒推、替换和假设、转化等解决问题的基本策略；初中教材编写了“从问题到方程”的内容，进一步沟通了数学与生活的联系，建立了数学与生活之间的桥梁，渗透了建模、类比、归纳的数学思想方法；高中教材必修五中新增加了“合情推理与演绎推理”内容，它们是数学发现过程和数学体系建构过程中的两种重要的思维方式；高中教材选修 2-2 中设有“数学归纳法”的内容，“数学归纳法”是由一系列有限的特殊事例得出一般结论的推理方法，是一种典型的并且相当重要的数学思想方法。

以上内容是数学课程改革的一大亮点，这些内容实际上可以看成是数学思想方法在教材中的显性体现，其教学便是数学思想方法的显性教学，这进一步验证了我们将数学思想方法教学划分为隐性教学与显性教学的合理性。以下，我们将从这两种教学考察数学思想方法教学的现状。

4.4.2 数学思想方法隐性教学

一、案例的选取

数学思想方法贯穿于数学教学内容始终，例如，“分类讨论、分析与综合、归纳与演绎、类比、化归思想、符号与变元表示、模型化、集合与对应、公理化与结构化、数形结合、函数与方程、极限、算法与程序化、概率统计的思想方法”①等。这些思想方法内隐于数学知识之中，通过数学知识的教学可以考察相应的数学思想方法的教学。

---

① 李海东．重视数学思想方法的教学[J]．中学数学教育，2011(1—2)．

1. 关注勾股定理

本文选取苏科版教材中的“勾股定理”作为我们考察数学思想方法教学的研究案例之一，期望通过“勾股定理”的教学，了解当前数学思想方法的隐性教学现状，进而分析数学思想方法教学对具体数学知识教学的影响。

苏科版教材中的“勾股定理”教学安排在八年级上册第二章第一节，勾股定理的定理本身比较简单，它的学习为无理数的学习做了铺垫。同时，勾股定理的应用极其广泛，在第二章的第七节专门安排了勾股定理的应用教学，解决此类问题会涉及勾股定理来源中的很多数学思想方法。该章节的一头一尾都是勾股定理，使得勾股定理贯穿了整个章节的教学，地位凸显。

2. 关注勾股定理的探究过程

仅就形式而言，勾股定理“本身的结论非常简洁，且容易记忆，如果直接告诉学生，几分钟就可以解决问题”。[①] 但是，这样的数学课堂教学留给学生的只是一个数学符号，学生不知道为什么要研究勾股定理，不知道“勾股定理”的本质，也难以了解其中蕴含的数学思想方法。

华罗庚曾说过：“难处不在于有了定理、公式去证明，而在于没有定理之前，怎样去找出来。”所以，勾股定理的教学要注重探究过程，引导学生经历定理的发现、探究和获得过程，揭示定理的来龙去脉，阐明定理所蕴含的数学思想方法，促进学生数学思维的发展。这也就意味着，关注“勾股定理”探究过程，能够反映出隐性数学思想方法教学的状况。

这里我们关心的是：第一，教师是否意识到或者提出了勾股定理中蕴涵的数学思想方法；第二，教师是否将探究勾股定理过程中蕴涵的数学思想方法列入教学重点，即勾股定理中蕴涵的数学思想方法是否被显性化；第三，教师是否强调勾股定理中蕴涵的数学思想方法的应用，即是否要求学生对其进行练习。

二、教学过程实录

为了探讨以上问题，我们深入一线数学课堂，认真听取了一线数学教师对“勾股定理”的教学。综合考虑到教师的自身素质、知识储备、教学经验程度以及所教学生的整

---

① 顾继玲. 关注过程的数学教学[J]. 课程·教材·教法，2010(1).

体情况，我们从中选取了两位具有代表性的教师，即一位教学经验丰富的教师和一位刚工作不久的年轻教师，并将他们的上课情况拍成录像进行详细研究。

“勾股定理”的教学主要属于定理课教学，以下我们着眼于定理的导入、建构、应用等环节，展示两位教师执教“勾股定理”的教学过程。

(1) 定理导入

教师甲：教师通过课本上一张纪念毕达哥拉斯学派的邮票，从数学史的角度引入勾股定理。

教师乙：给出问题“如果一个直角三角形的两条边分别是6和8，能否求出第三边。如果能，是多少？”随后指出通过学习勾股定理，可以解决这个问题。

(2) 定理建构

教师甲主要有三个建构过程：

① 探索特殊情形：两直角边长都是正整数的格点直角三角形。

数学实验室1：请看格点图形，每个小方格的面积看作1，那么以BC为一边的正方形的面积是9，以AC为一边的正方形的面积是16。你能计算出以AB为一边的正方形的面积吗？请通过作图说明你的理由。

数学实验室2：在给出的方格图形中，请任意画一个顶点都在格点上的直角三角形，并分别以这个直角三角形的各边为一边向三角形外作正方形，仿照上面的方法计算以斜边为一边的正方形的面积。

学生1：将正方形分割成四个直角边长为3、4的直角三角形和一个边长为1的小正方形，得到面积为$4\times\frac{1}{2}\times3\times4+1\times1=25$。

学生2：将正方形补成一个边长为7的正方形，得到面积为$7\times7-4\times\frac{1}{2}\times3\times4=25$。

教师总结：这两种方法合起来称为“割补”的方法。

② 由特殊到一般形成猜想：借助几何画板进行探索验证。

如果一个三角形的直角边和斜边都不是正整数，是否具备上述性质呢？教师借助几何画板动态演示，由特殊到一般，猜测直角三角形两直角边的平方和等于斜边的平方。

③ 论证猜想。

探索题：美国总统加菲尔德的证明方法。

教学中以填空题的形式对勾股定理进行推理说明，完成对勾股定理的证明。

教师乙主要有两个建构过程：

① 感知特殊情形：剪拼等腰直角三角形。

操作题1：分别以等腰直角三角形的三边向外做正方形；然后将两个较小的正方形剪下来，再分别沿着两个小正方形的对角线剪裁；最后将剪裁后的四个图形拼接到大正方形上，说明你的发现。

学生反馈：将两个小正方形剪成四个等腰直角三角形，把四个等腰直角三角形的直角边两两相邻拼接在一起，发现两个小正方形的面积之和等于大正方形的面积。

② 由特殊到一般形成猜想：由等腰直角三角形推广到一般直角三角形。

操作题2：网格中的直角三角形直角边长分别为3、4，分别以直角三角形的三边向外做正方形，看看在等腰直角三角形中发现的面积关系在非等腰直角三角形中是否仍然成立？

学生反馈：将大的正方形分割成四个和原来三角形一样的直角三角形以及一个小正方形，得到大正方形的面积为25，而两个小正方形的面积分别为9、16，发现两个小正方形的面积之和也等于大正方形的面积。

教师总结：如果将正方形的面积用边长的平方来表示，就得到了直角三角形的三边关系——勾股定理。

(3) 定理运用

教师甲：

例题：在Rt$\triangle ABC$中，$\angle C=90^\circ$，(1) $AC=5$，$BC=12$，求AB的长；(2) $AB=25$，$AC=24$，求BC的长；(3) $AB=8$，$BC=4$，求AC的长。

练习：学生练习课本上的习题。

教师乙：

例题：解决上课开始提出的数学问题。

练习：学生口答课本上练习题。

(4) 课堂小结

教师甲：

今天这节课我们主要探索了勾股定理，大家记住，只要在直角三角形中，它的三边就满足两直角边的平方和等于斜边的平方，可以写成：$\angle C=90°$，$c^2=a^2+b^2$。再次强调，大前提是在直角三角形中。根据勾股定理，只要知道直角三角形两条边，就可以求出第三边。

教师乙：

现在我们回顾一下今天讲的相关内容。我们知道了勾股定理指的是直角三角形中三边存在的一个关系，什么关系呢？就是直角三角形两直角边的平方和等于斜边的平方。大家要学会运用勾股定理解决问题。

三、分析与思考

以上教学过程，在一定程度上反映了数学思想方法隐性教学的现状，可以看出，数学思想方法的隐性教学主要表现为以下特点：

1. 思想方法已有渗透

在勾股定理教学过程中，两位教师都渗透了若干数学思想方法，诸如：

从特殊到一般。教师甲：由"探索特殊情形：两直角边长都是正整数的格点直角三角形"，过渡到"由特殊到一般形成猜想：借助几何画板进行探索验证"，学生经历了从"直角边长为 3、4 的直角三角形"到"任意画一个顶点都在格点上的直角三角形"，再到"直角边和斜边都不是正整数的直角三角形"这样一个勾股定理的形成过程，从特殊到一般，完成了对勾股定理的建构。

割补的思想。教师甲：学生采用两种方法完成对勾股定理的建构，即"将正方形分割成四个直角边长为 3、4 的直角三角形和一个边长为 1 的小正方形"和"将正方形补成一个边长为 7 的正方形"，教师指出这种探究方法称为"割补"的方法。

教师乙：在剪拼活动中，主要是把以直角三角形斜边为边长的正方形分割成四个直角三角形和一个小正方形来求面积，体现了割的思想。

数形结合的思想。两位教师都不是直接告诉学生直角三角形中的数量关系，而是让学生对几何图形进行探究，探索几何图形面积的关系，进而发现直角三角形三边之间的数量关系。这一探究过程集中体现了数与形的结合，或者说，勾股定理本身将数与形巧妙地联系在一起，是数形结合思想的集中体现。

除此以外，数学课堂教学中还体现出数学合情推理、演绎论证、观察实验等思想方法。

这表明，在实际的数学课堂教学中，数学思想方法已在数学知识的教学过程中得以渗透。

2. 思想方法显性不够

考察勾股定理的教学过程可以看出，虽然数学思想方法已经得到渗透，但是数学思想方法的显性化仍然不够，主要表现为：

第一，在知识建构活动中，一些重要的数学思想方法没有完全体现出来。以"割补"方法为例。教师乙在探索勾股定理教学环节要求学生剪拼等腰直角三角形，这一活动事实上体现了"割"的思想。但是教师在教学中并没有明确提出该方法，其关注点主要在于剪拼的结果：两个小正方形的面积等于大正方形的面积，而不是剪拼过程中体现的思想方法。另外，由于教师设定了剪拼的探究路径，教学过程中没有体现出"补"的思想方法，学生也难以想到采用"补"的方法完成勾股定理的建构。至于教师甲，虽然在探究活动中提及了"割补"的思想，但也是一带而过，没有对这种方法作进一步的说明，教师关注的重点仍是勾股定理本身，而不是隐含在其中的思想方法。

第二，在课堂小结中，有数学知识而无数学思想方法。课堂小结是课堂教学的重要环节，需要对一节课的知识技能进行归纳总结，使学生对所学习的知识和技能进行及时的系统化、巩固和运用，从而掌握学习内容。课堂实录表明，两位教师都对一节课进行了课堂小结。考察小结的内容，两位教师归纳总结的重点主要还在于知识，没有对探究勾股定理过程中所体现的数学思想方法进行说明；考察课堂小结的主体，两节课的课堂小结均由教师自己概括给出，没有学生的参与。由于数形结合、从特殊到一般、割补等数学思想方法隐含在勾股定理的探究建构过程中，如果不将之显性化，学生就难以明确，当然更谈不上理解和掌握。

3. 思想方法运用不足

部分教师在课堂教学中明确指出了所隐含的数学思想方法，然而，学生是否就能掌握呢？

从勾股定理教学的"定理运用"环节可以看出，两位教师都注重对勾股定理的运用，通过例题、练习题，及时巩固、强化对勾股定理的掌握。深入考察两位教师设置的例题、习题内容，可以看出，这些例题、习题主要是针对勾股定理而言的，教师甲的例题是对 $c^2=a^2+b^2$ 以及其变形 $a^2=c^2-b^2$ 和 $b^2=c^2-a^2$ 的直接运用，教师乙的例题也是公式 $c^2=a^2+b^2$ 的直接运用。另外，学生所作的练习题也是如此。

为了更好地认识教师关于勾股定理的教学情况，我们还继续听了勾股定理的第二节课。在这节课中，教师为学生介绍了另外几种推导勾股定理的方法，而在练习环节中，教师仍然选取有关勾股定理公式应用的习题，书中习题也是如此安排的，以下是苏科版教材中勾股定理第二节课的练习题（苏科版教材八年级上册第46页）。

在 $\mathrm{Rt}\triangle ABC$ 中，$\angle C=90°$。

(1) 如果 $BC=9$，$AC=12$，那么 $AB=$________；

(2) 如果 $BC=8$，$AB=10$，那么 $AC=$________；

(3) 如果 $AC=20$，$BC=15$，那么 $AB=$________；

(4) 如果 $AB=13$，$AC=12$，那么 $BC=$________；

(5) 如果 $AB=61$，$BC=11$，那么 $AC=$________。

可见，在"勾股定理"教学中，教学的重点主要是对"勾股定理"的公式本身进行变形并加以强化训练。

翻开苏科版数学八年级上册的教材，书后安排的习题也几乎都是勾股定理的直接应用：已知直角三角形的两直角边长，求斜边长；或者已知直角三角形的一直角边长和斜边长，求另一直角边长。

由此可以看出，当前数学教学的重点以及教材编排的重点，主要是数学知识以及数学知识的运用，忽视了对其中所蕴涵的数学思想方法的应用练习。

事实上，"勾股定理"的应用是极其广泛的，这里所说的应用不仅包括定理本身的应用，还包括"勾股定理"所蕴涵的数学思想方法的应用。特别是，掌握数学思想方法的关键在于数学思想方法的运用，也就是说，即使学生知道了某种思想方法，如果不加以运用也难以掌握。因此，通过练习来巩固、强化数学思想方法，对于数学思想方法的掌握至关重要。

可见，当前注重数学知识应用的教学进一步强化了知识而弱化了思想方法，直接导致学生对数学知识的灵活运用能力不够。于是出现我们在3.2.2调查中的情况

(当三角形不是直角三角形时，学生不会运用割补的思想方法解决问题)也就不足为怪了。

4.4.3　数学思想方法显性教学

数学活动论表明，方法是数学活动的重要成分，当然也是数学课堂教学的重要内容，所以，数学课堂中要有数学思想方法的直接教学，即数学思想方法显性教学。新一轮课程改革中，“解决问题的策略”“合情推理与演绎推理”“数学归纳法”等重要思想方法已在教材中得到显性体现，那么，当前数学思想方法显性教学的现状如何，值得我们进一步思考。

一、案例的选取

新一轮课程改革之后，数学教材的一个重要变化是增加了很多新的内容，如“解决问题的策略”“合情推理与演绎推理”，等等。本文选取苏教版教材中的“解决问题的策略”作为数学思想方法显性教学的研究案例，期望通过“解决问题的策略”的教学，了解数学思想方法显性教学的现状。选取“解决问题的策略”作为研究案例，主要基于以下考虑：

① 新一轮课程改革中，数学教材的一个重要变化就是增加了很多新的内容，“解决问题的策略”就是其中之一。以苏教版数学教材为例，从小学四年级到六年级，教材每一册中都新增了独立的单元“解决问题的策略”，依次介绍列表、画图、一一列举、倒推、替换和假设、转化等解决问题的基本策略。新增内容如何教，不仅一线数学教师在不断地摸索中，广大教育研究者也在不断探讨中。“解决问题的策略”教学现状如何，也成为我们关注的重要内容。

② 徐文彬教授认为：“解决数学问题的策略，其背后所蕴涵的可能是某种或某些数学基本思想或方法。对数学‘解决问题的策略’的理解必须上升到其所蕴涵的数学基本思想或方法上来。”[①] 可见，“解决问题的策略”可以看成是数学思想方法的显性呈现，其教学要上升为方法的教学，“解决问题的策略”的教学就属于数学思想方法显性教学研究的范畴。

---

① 徐文彬. 数学“解决问题的策略”的理解、设计与教学[J]. 课程・教材・教法，2009(1).

二、教学实录及困惑

以下是我们深入一线数学课堂开展听课活动中录制的部分教学片段。

【教学片段 1】苏教版教材五年级上册：用一一列举的策略解决问题

教师：我们在四年级学习了解决问题的策略：列表。今天我们要学习一个新的策略。

教师出示问题：王大叔每天早晨坐班车去上班，班车每隔 20 分钟发一班，那么从早上 6 点发第一班车到早上 7 点，有几班车可以选择？

生 1：早上 6 点到 7 点之间有一个小时，即 60 分钟，60 除以 20 就可以算出有 3 班车。

生 2：早上 6 点发出第一班车，6 点 20 发出第二班车，6 点 40 发出第三班车，7 点发出第四班车，因此有 4 班车可以选择。

……

师：大家说的都有一定道理。我们把所有不同的情况一个一个地列举出来，从而发现答案的策略，就是我们今天要学习的新的策略——一一列举。

师：再来看一个新的问题——用 18 根 1 米长的栅栏围成一个长方形羊圈，有多少种不同的围法？

学生在教师的要求下，分组用小棒合作。10 分钟后，大多数学生完成任务，教师较为满意。

教师再出示新的问题，学生分组合作又完成了教师布置的任务。

教师：今天大家完成得都很好，请同学们想想，今天我们主要学习了什么？

生 3：学习了坐班车。

教师：有同学补充吗？

生 4：还学习了用小棒围羊圈。

生 5：……

教师：大家说的都对，最主要的是，今天学习了一个解决问题的策略，叫做一一列举策略，大家要记住这个名称。

从教学片断 1 中，我们可以看出，教师借助一个实际问题引出了一一列举策略，然后让学生按照要求解决另一个新的问题，其目的在于让学生运用一一列举策略解决问题。但是在课堂小结环节，学生想到的只是教学过程中教师给出的若干问题（因为这些问题在教学结束时还都呈现在黑板上），教师最后总结的是一一列举策略的名称，并要求学生记住这个名称。

为了检验教学效果，课后我们对部分学生进行问卷调查，问卷由两部分构成，第一部分要求学生写出学过的解决问题策略，第二部分要求学生解决一个实际问题："一种圆珠笔有3支装和5支装两种不同规格的包装。张老师要购买38支圆珠笔，可以分别购买3支装和5支装的各几盒？一共有多少种不同的选择方法？"（苏教版教材五年级上册第66页）此题运用列表和一一列举策略相结合更易于解决。

调查结果显示：大部分学生都能够准确地写出以前学过的解决问题策略的名称，但是对于第二个实际问题却无从下手，不会用已学的解决问题的策略去解决问题。

对此，我们不禁困惑：学生学习了解决问题的策略为何不会解决问题？"解决问题的策略"之教学重点主要是策略还是解决问题？

【教学片段2】苏教版教材五年级上册：用一一列举的策略解决问题

教师出示问题：市场上有3只羊，分别为白色、黄色和黑色，最少买1只，最多买3只，可以怎样买？

学生在教师的启发下，独立在自己的作业纸上用一一列举策略列举出种种可能性，教师巡视后让学生汇报结果。

生1：可以买白羊、黄羊、黑羊、白羊黄羊、白羊黑羊、黄羊黑羊、白羊黄羊黑羊。

生2：我用字母A、B、C分别表示白羊、黄羊、黑羊，可以有A、B、C、AB、AC、BC、ABC这几种买法。

生3：我用不同颜色的图形来代表不同颜色的羊，然后列表也得出有7种买法。

师：其实一一列举的策略有多种形式，如列表、文字、字母、符号、图形等等，解决这个问题，我们可以选用不同形式解决问题。请同学们在自己的作业纸上将结果重新进行一一列举。

……

师：同学们这次的完成情况令老师十分满意，有的同学用列表的方法，有的同学用图形表示，还有的同学用字母表示。老师认为，只要觉得适合自己的，都可以用。

可以看出，教师在教学过程中刻意指出策略有多种形式，其意图在于表明策略的多样性。但是，我们在听课时关注到这么一个细节：学生两次进行一一列举时所采用的方式是完全一样的，也就是说，学生只会应用自己原有的策略形式去解决问题，对其他同学给出的解题方法并无认识，而教师对此现象也没有作出解释说明。

这不禁让我们思考：这种教学所呈现的到底是解决问题策略的多元化还是单一化？

【教学片段3】苏教版教材四年级上册：用列表的策略解决问题

师：同学们已经跟着老师一起领会了列表的无限魅力，在解决问题时它能发挥重要作用，请同学们再来完成这道练习题。

教师出示问题："学校栽了一些盆花。如果每个教室放3盆，可以放24个教室。如果每个教室放4盆，可以放多少个教室？"（苏教版教材四年级上册第67页）

有一位学生看了看题目就直接举手想回答问题，教师没有理睬。

师：请同学们仔细回想上一题列表的全过程，然后将此题的数据列表加以整理再进行解答。

全班学生开始运用列表策略解决问题，刚才举手的学生也开始列表。大部分学生都用列表的策略完成了此题，教师给予了表扬。

事实上，这一道练习题可以通过直接列算式（$3\times24\div4=18$）进行解答。在四年级学生学习"用列表的策略解决问题"一课之前，我们在补习班对学生进行了测试，要求学生完成上述练习题。除了极个别学生不会做之外，大部分学生都能够顺利解决此问题，并且是通过直接列算式的方法解决的。课后，我们与想举手回答问题的学生交流，发现该学生正是想用直接列算式的方法解题。

可见，解决问题有多种策略。对该题而言，直接列算式解答不失为一个简单便捷的方法。列表的目的在于将复杂的题目信息清晰化，解决此题用列表的策略未必最好。但是，大部分学生在教师的影响下只会机械模仿，照搬策略。

我们不禁困惑：学习"解决问题的策略"是为了"发展实践能力和创新精神"，[①]目

① 中华人民共和国教育部. 全日制义务教育数学课程标准（实验稿）[S]. 北京：北京师范大学出版社，2001：7.

前的教学为何反而限制了学生的思维发展？

三、分析与思考

“解决问题的策略”是新课程背景下数学教材的一大亮点，“解决问题的策略”如何教，是广大教师关心的重要问题。以上课堂实录的教学片断以及对学生的调查情况向我们展示了当前“解决问题的策略”存在的若干问题。

1. 思想方法教学重点把握不准

“解决问题的策略”作为一种数学思想方法，其教学的最终目的应该是通过掌握解决问题的策略去解决问题，为了解决问题则需要学习解决问题的策略。然而，大多数学生学习了“解决问题的策略”之后，只是记住了策略的名称，碰到实际问题却不会用策略去解决。通过调查发现，有许多教师认为，“解决问题的策略”教学重点就是策略，“本节课的教学目标就是要学生学习解决问题的策略，知道了这一策略，学生以后就可以运用这些策略解决问题”。这一观点有一定的合理性，但是易导致教学时将策略作为一种结果直接告知学生，从而致使学生学习了解决问题的策略却不会解决问题，教学片段1中的教学正是这种现象的反映。

新课程改革之后，数学教材中不仅增加了“解决问题的策略”，还增加了“用方程解决问题”“合情推理与演绎推理”“数学归纳法”，等等，这些内容都可以看成是数学思想方法的显性教学，它们的教学并不只是简单的数学知识的教学。然而，通过“解决问题的策略”教学，我们发现，在实际的数学思想方法显性教学中，一线教师并没有很好地把握教学重点，教学效果不尽如人意。产生这一现象有多种原因，关键还在于他们根本没有意识到数学思想方法的显性教学，而是仍然把这些内容当作数学知识教给学生。

2. 思想方法展现形式单一

“解决问题的策略”教学要求实现策略的多元化，从教学片段2可以看出，学生前后两次进行一一列举时所采用的方式是完全一样的，课堂的表面现象呈现给我们的只是全班学生汇集起来的策略多元化，对于每一位学生来说，他们只掌握了单一的策略形式。事实上，学生并没有体会为何要用不同的方式去一一列举，他们根本体会不了解决问题的策略为何要多元化，更谈不上什么优化了。

从古至今，被人们发现的数学思想方法多种多样，在数学课堂上讲授数学思想方法，目的在于解决一些问题。在实际的教学过程中，如果教师只是向学生呈现单一形式的数学思想方法，结果可能导致部分学生接受不了所学的数学思想方法，因为每位学生的学习能力、领悟能力不同。学生获得的数学思想方法形式单一，当然也就没法在此基础上考虑数学思想方法的优化。

3. 思想方法教学侧重模仿

培养学生的目的离不开创新，这也是新课标以及时代发展的要求。然而，目前"解决问题的策略"教学现状告诉我们，一道可以直接列算式进行计算的应用题，经过教师的教学后，学生会模仿教师用列表来求出结果，然而碰到复杂的并且通过列表方便解决的问题，大多数学生却想不到用列表去解决，或者选择了逃避。可以说，目前"解决问题的策略"教学呈现给我们的更多是学生机械模仿，照搬策略，缺乏对解决问题策略的思考，容易形成思维定势。创新的起始阶段可以是模仿，但是如果一直停留在原来的水平上模仿，并不能够达到创新的目的。

从"解决问题的策略"常态教学，我们可以推断，像"解决问题的策略"这样的数学思想方法的显性教学，很少考虑到学生创新思维的培养，其教学结果是，学生往往只会模仿着去解决与课堂上类似的问题，一旦离开了教师，离开了熟悉的问题情境，那么在数学世界里他们就不知如何解决问题。这正是调查研究所反映出的学生的现实状况。从"解决问题的策略"教学课堂中，我们没有体会到学生的自主性，或者可以说，当前的数学思想方法显性教学还未完全做到尊重学生的个性，给学生充分发挥和思考的时间，允许学生尝试用不同的数学思想方法去解决问题，寻求自己对问题以及数学思想方法的独特理解。

4.5 数学活动的探究

"数学教学是数学活动的教学。""数学活动是学生经历数学化过程的活动。"① 普通高中数学课程标准进一步指出："数学教学活动应是经历数学化、再创造的活动过

① 刘兼，孙晓天. 全日制义务教育数学课程标准（实验稿）解读[M]. 北京：北京师范大学出版社，2002：277.

程。"[①] 这表明，数学活动教学是新一轮数学课程改革的核心理念，也是学生形成正确数学观的重要途径。当前的数学教学正将这一理念物化在数学教学中。那么当前的数学探究活动的教学是否真正实现了数学课程改革理念，是否有利于学生形成动态的数学观，需要我们深入数学课堂教学寻找答案。

4.5.1 探究活动的过程：执行与思考

以下是一线数学课堂实际发生的一节数学课的教学及研讨片段。

【案例5】 抛物线及其标准方程(苏教版选修1-1)

【教学片断】

师：请拿出一张矩形纸解决题目中的问题。

PPT显示题目：如图，准备一张矩形纸片$ABCD$，在纸片上任意取定一点F，$PQ // AD$，沿PQ将纸片折起，得到一条折痕，使P与F重合，又得到一条折痕，两条折痕的交点记为M，平移PQ，继续下去得到若干交点(为了看清楚，可把交点描出来)，用光滑曲线连接这些交点，观察它是什么曲线，说明理由。

学生开始动手折纸，教师偶尔提醒操作方法，如"F点尽量取在中间不要靠边取""大家描出5、6个点就可以了"，学生操作10多分钟后，教师用几何画板动态展示生成抛物线的过程。

师：生成抛物线的方法是非常多的。我们再来看一个。

PPT显示题目：如图，再准备一张矩形纸片$ABCD$，将一角折起，使点A总是落在对边CD上，然后展开纸片，得到一条折痕(为了看清楚，可把折痕画出来)，这样继续下去得到无数折痕，观察这些折痕扩围成的轮廓，它是什么曲线？

学生动手折纸8分钟，最后教师用计算机动态展示并总结："无数条折痕形成的轮廓就形成了一条抛物线。"

【研讨片断】

执教教师：在设计这节课时，我尽量把这堂课放手给学生，让学生去主宰。

---

① 严士健，张奠宙，王尚志. 普通高中数学课程标准(实验)解读[M]. 南京：江苏教育出版社，2004：300.

所以我设计了两次折纸。两次折纸是有区别的，第一次折纸是细致的，从头折到尾，让学生完整地探究出曲线是什么样子的，在折的过程中使学生感受抛物线定义的核心内容。第二次折纸是一个包络的过程，要真正通过折纸完全看出来是很不容易的，需要一个动态的课件演示。所以先让学生折了一会儿感受一下，然后进行课件演示。总体来说，我的设计的目的就是想让学生自己得出结论。

听课教师1：两次折纸活动让学生自己探究，学生动了起来……这堂课概括起来是在活动中感悟，在探究中体会，在观察中思考。

听课教师2：教师比较注重学生的动手操作，体现在两次折纸活动，两次让学生推导抛物线方程的过程中。但是在折纸上用了22分钟左右的时间，数学课不是活动课，不免显得教学效率低。另外，教师一上课就直接让学生折纸，学生不知道折纸的目的，而且学生按照教师设计好折纸的步骤进行操作，这种活动会比较盲目，学生不知道要走向哪里，也不知道为什么这样走。

听课教师3：这堂课的一个突出特点是教师比较注重学生的动手操作，让学生在折纸活动中、在自己的动手操作中学习。但是数学活动主要是一种思维活动，而且用折纸方法难以观察出折痕轮廓的曲线，所以总是让学生通过操作得出数学发现并不是数学课堂教学的特点。

在案例“抛物线及其标准方程”中，从表面上看，教师没有照本宣科，特别设计了数学活动，放手让学生动手操作，其设计意图是“让学生完整地探究出曲线是什么样子的”“让学生自己得出结论”。但是实际效果并不好。虽然所有学生都在“探究”，都在“活动”，但是大部分学生没有探究出曲线的形状，当然也没有感受抛物线定义的核心内容。

考察整个折纸活动，教师一开始就直接让学生动手操作，但是并没有指明操作的目的以及活动的方向，学生只是按照教师设计好的折纸的步骤进行操作，按部就班地一步步执行教师事先安排好的操作程序，学生不知道要走向哪里，也不知道为什么这样操作。

事实上，这种探究活动在数学课堂教学中并不少见。以下是一个“双曲线的定义”教学片断：

师：请同学们拿出刚才发下来的印有圆 F_1 的白纸，按如下步骤操作：

第一步：在圆 F_1 外取一定点 F_2；

第二步：在圆 F_1 上任取一点 P_1；

第三步：将白纸对折，使点 P_1 与 F_2 重合，并留下一条折痕；

第四步：连接 P_1M_1，并延长交折痕于点 M_1；

第五步：再在圆上任取其他点，将上述 2～4 步骤重复 5 或 6 次，便可得到一系列点，连接这些点(用光滑曲线)。

可以看出，这样的数学课堂教学表面上凸显了探究，凸显了活动，但整个探究活动实际上就是一个执行活动，而且是一个动手操作的执行活动，很多时候学生是被动地接受数学活动，被动地操作执行，根本没有动脑思考。同时，从活动的形式上看，当前数学课堂教学凸显的主要是外显的探究活动，如动手实验、操作等，而缺少内在的数学思维活动，如抽象概括、推理论证等。

A. A. 斯托利亚尔指出，所谓数学活动的教学，就是在数学领域内一定的思维活动、认识活动的教学。数学知识的获得，主要不是靠实物的实验，而是通过思想上的实验，进行紧张的思维活动。数学活动的必要性在于引导学生将注意力集中到动态的思维过程上。这说明，数学活动的核心是数学思维的活动，判断数学活动有效性的主要标志是其数学思维含量的大小。在此意义下，数学活动可分为外显活动和内隐活动，外显活动的目的主要是为了引导学生自主建构，通过观察、操作等活动，进行积极思考，最终获得猜想，形成知识。当前课堂上，学生个体的动手操作和显性的交流活动这些物质活动或物质化活动被强化了，而个体内部的数学思维活动被作为封闭的传统学习模式有削弱的趋势①。这也是部分教师质疑案例 5 数学活动的主要原因。

因此，当前探究活动突出的是动手，缺乏的是动脑；注重的是执行，忽视的是思考；培养的是执行能力，薄弱的是解决问题的能力。因此，当面对新的问题情境又没有教师指导时，学生不会探究，不会思考问题，当然难以解决问题。这正是问卷调查中学生所表现出来的数学素养的情况。

4.5.2　探究活动的结果：知识与方法

经历数学探究活动获得数学知识以后，学生是否就真正掌握了知识？

① 沈超. 数学活动的核心是数学思维活动[J]. 小学教学研究，2005(6).

先看一个教学活动的研讨片段。

【案例6】　“直线与平面垂直”(苏教版必修2)研讨片段

听课教师：从概念的形成，到定理的建构，还有理论的应用，我感觉亲历过程不够深刻，没有达到预想的效果。比如，直线与平面垂直概念的形成过程有些仓促。可以提问学生：如果让你刻画直线与平面垂直，你将如何刻画？这样一提问，学生的思维空间就打开了。应该让学生亲历知识建构的过程，让学生思考、交流、动手操作，然后师生逐步校正，逐渐变为自然的、合理的概念。

这里，听课教师指出：“从概念的形成，到定理的建构，还有理论的应用，我感觉亲历过程不够深刻，没有达到预想的效果。”其中所说的“没有达到预想的效果”主要是指课堂教学中，一些学生在判断直线与平面是否垂直的问题中出现了错误。教师认为只要充分探究了，充分活动了，学生就应该掌握数学知识。但是在案例“抛物线及其标准方程”中，执教教师创设了系列探究活动，从概念的形成，到定理的建构，还有理论的应用，都有学生的动手操作或者探究活动，而实际的教学效果并不好。看来，有了探究活动，学生未必就掌握了数学知识。我们有必要进一步考察探究活动过程。

以下是我们深入一线数学课堂录制的一节常态课：勾股定理。

师：勾股定理告诉我们直角三角形三边有着什么样的关系？这个关系又是怎么被人们发现的，下面我们通过动手操作来探索。

操作一：在等腰直角三角形中探索直角三角形的三边关系。

(教师要求学生以等腰直角三角形的各边为一边向三角形外作正方形，并通过剪拼图形来寻找关系。)

学生反馈：将两个小正方形剪成四个等腰直角三角形，把四个等腰直角三角形的直角边两两相邻拼接在一起，发现两个小正方形的面积之和等于大正方形的面积。

操作二：在一般的直角三角形中探索直角三角形的三边关系。(学案上有事先准备好的格点图形、直角边长为3、4的直角三角形)

教师要求学生以直角边长为3、4的直角三角形的各边为一边向三角形外作正方形，并探索关系。

学生反馈：将大的正方形分割成四个和原来三角形一样的直角三角形以及一个小正方形，得到大正方形的面积为 25，而两个小正方形的面积分别为 9、16，发现两个小正方形的面积之和也等于大正方形的面积。

教师总结：如果将正方形的面积用边长的平方来表示，就得到了直角三角形的三边关系。

教师板书勾股定理的内容，之后给出一些练习题让学生完成。

以上是勾股定理教学的第一课时，可以看出，学生通过两次操作得到“两个小正方形的面积之和等于大正方形的面积”以后，教师给出了勾股定理的内容，探究活动也就随之结束。

我们知道，这一节课不仅要通过操作活动探究出勾股定理的内容是什么，而且要掌握其中所蕴含的重要的数学思想方法——“割补”思想。该案例中，教师的教学重点在于勾股定理本身，教师所设计的探究活动是为勾股定理这一知识服务的，教师并没有揭示出探究活动所蕴含的思想方法。也就是说，学生执行完探究活动得出相应的数学知识以后，相应的教学活动就停止了，教师只关注了探究出的结果，而很少对探究活动本身所蕴含的数学思想方法进行提炼与总结。显然这样的教学只能够让学生知道勾股定理的内容，但难以真正理解并掌握“割补”思想方法。这一情况在第三章问卷调查中学生的表现已有了充分说明。

新一轮数学课程改革指出，过程与方法目标的核心在于从具体实例出发，展现数学知识的发生、发展过程，使学生能够从中发现问题、提出问题，经历数学的发现和创造过程，了解知识的来龙去脉。皮亚杰指出：“儿童的逻辑和数学的运演是来源于他对物体所做的简单活动；例如把物体进行组合或对应放置之类的活动。”这也就是说，“活动既是感知的源泉，又是思维发展的基础”[①]。但是，作为问题的另一方面，皮亚杰又强调指出，如果我们始终停留于实物操作，则又不可能形成任何真正的数学思维，因为在此最为重要的即是活动的“内化”。只有“在那些保证主客体之间存在着直接的相互依存关系的简单活动之上，增添了一种内化了的并且更为精确地概念化了的新型活动”，才能

① 皮亚杰. 发生认识论原理[M]. 王宪钿等，译. 北京：商务印书馆，1981：中译者序 4—6.

促使运动格局的不断扩展，使得认知结构愈来愈复杂，最后达成逻辑——数学结构。①

在此意义下，就探究活动的结果来看，当前的探究活动关注了知识，忽视了方法；只有操作执行活动，没有揭示活动蕴含的思想方法，当然也没有活动的内化。由此导致学生将探究活动看成是可有可无的东西，不了解探究活动本身的价值以及其中所蕴含的数学思想方法，造成学生虽然经历了数学活动，但是并不了解相应的数学思想方法，当然也难以真正掌握数学知识。

4.5.3 探究活动的目的：手段与目标

在探究活动教学中，总结出探究活动所反映的数学方法，学生就一定能掌握这些思想方法了吗？

随着新一轮数学课程改革的不断推进，探究教学、活动教学、过程教学等课程改革的基本理念已经不再停留于理想层面，而是走进了实际的数学课堂中。如何把探究活动融入课堂教学是深化数学课程改革迫切需要研究的问题。以下是高三数学二轮复习中的一则教学案例②。

这节课重点内容是数列中的子数列问题研究，教师课堂上重点讲解了下面两道例题：

例 1：已知数列$\{a_n\}$满足$a_n+a_{n+1}=2n+1(n\in\mathbf{N}^*)$，求证：数列$\{a_n\}$为等差数列的充要条件是$a_1=1$。

例 2：已知正项数列$\{a_n\}$满足$a_n\cdot a_{n+1}=2^{2n+1}(n\in\mathbf{N}^*)$，求证：数列$\{a_n\}$为等比数列的充要条件是$a_1=2$。

数列的子数列问题一直是数列中的热点也是难点问题，教师首先请学生思考，之后较为详细地讲解了解题过程，然后帮助学生归纳研究问题的基本方法，给出正确的步骤和最终的证明过程。

课后我们随机抽查了几位学生，给出了课堂上两道例题的变式问题，让他们再做：

例 1 变式：若数列$\{a_n+a_{n+1}\}$为公差为d的等差数列，试探究数列$\{a_n\}$为等差数

① 皮亚杰. 发生认识论原理[M]. 王宪钿等，译. 北京：商务印书馆，1981：28.

② 该案例由江苏师范大学硕士研究生何睦提供.

列的充要条件，并加以证明。

例 2 变式：若正项数列 $\{a_n\}$ 满足：数列 $\{a_n \cdot a_{n+1}\}$ 为公比为 q 的等比数列，试探究数列 $\{a_n\}$ 为等比数列的充要条件，并加以证明。

抽测结果表明，所有学生都知道了教师总结出的研究数列的子数列问题的方法——消项法，但是并非所有学生都掌握了用消项法来研究数列子数列问题。这表明学生经历了解决数列问题的整个过程，教师总结出了数学方法，但是学生并没有真正掌握数学思想方法，不会利用数学思想方法解决问题。原因何在？

进一步考察教学活动发现，对数列的子数列问题的探究过程是以教师讲解为主完成的，也就是说，探究活动的"过程"是教师讲解的，不是学生经历的，学生缺乏感性体验，没有真正认识消项法的本质。

数学课程标准指出："数学教学活动应是经历数学化、再创造的活动过程。""通过观察、实验、归纳、类比、抽象概括等活动，去发现或猜测数学概念或结论，进一步证实或否定他们的发现或猜测。"① 这表明，数学教学的过程是从数学现实出发，通过数学活动方式，探讨数学结论。也就是说，探究活动的过程，其教学中的"过程"不仅是手段，也是教学目标，即必须让学生在数学学习活动中去"经历……过程"。如果仅仅注重在知识的形成过程中学习知识，那么对"过程"的定位主要是服务于知识的学习，难免会出现教师直接讲授"探索过程"的现象，这样，数学学习就会由听"结果"变成了听"过程"，这样的"过程"就失去了探索的意义②，也就会造成学生知道方法但不会运用方法解决问题的现象。

① 严士健，张奠宙，王尚志. 普通高中数学课程标准(实验)解读[M]. 南京：江苏教育出版社，2004：300.
② 袁玲玲，吴晓红. 过程教学视角下的勾股定理的教学过程[J]. 中学数学杂志，2010(8).

第5章　行动之举：数学素养教学的理性实施

以上表明，我国学生数学素养有待进一步提高，数学课堂教学水平有待进一步提高。因此，必须采取有效措施，立足于数学课堂教学，探索有效教学的途径，提高学生的数学素养。

首先需要明确的是，“在今天的教育制度下，实施素质教育的主渠道还是学科教育，数学课堂就是这样的渠道”①。这表明，数学教育是实施素质教育的主渠道，数学教育就是利用数学科学的特点，努力促进学生的发展，提高学生的数学素养，进而促进人的全面发展。但同时我们也应看到，仅就文化科学而言，不仅有数学教育，还有语文教育、科学教育等，因此，数学素养仅是人的整体素养的一种，过分强调数学素养，而忽视对其他学科素养的培养，是单一的、片面的、恶的，将不利于学生全面发展。因此，开展提高学生数学素养的教学实践需要树立这样的思想：既要明确肯定数学的善，努力提高学生的数学素养；又要认识到数学的恶，理性开展培养学生数学素养的实践。

本章以此为指导原则，立足于新一轮数学课程改革所倡导的重要理念，探索提高学生数学素养的教学策略。

---

① 严士健，张奠宙，王尚志. 普通高中数学课程标准（实验）解读[M]. 南京：江苏教育出版社，2004：304—305.

5.1　问题情境教学的理性实施

5.1.1　正确认识问题情境

一、什么是问题情境

国内外许多学者都对问题情境有过研究，心理学大多将问题情境看作是一种心理状态，一种当学生接触到的学习内容与其原有认知水平不和谐、不平衡时，学生对疑难问题急需解决的心理状态。[①] 也有人认为，问题情境是一种特殊意义的教学环境，这种教学环境除了物理意义上的存在外，还有心理意义上的存在。[②] 还有将问题情境视为一种特殊的情境，是通过外部问题和内部知识经验的恰当程序的冲突，使之引起最强烈的思考动机和最佳的思维定向的一种情境。[③] 已有探讨对于我们认识问题情境，创设问题情境教学有很大启发。

我们认为，深刻理解问题情境的内涵与外延是正确认识问题情境，进而正确实施问题情境教学的关键。[④]

从其内涵来看，问题情境是问题与情境的复合，主要体现为情境的问题化，问题的情境化。所谓情境的问题化是指，问题情境的创设必须以问题为核心，情境中要蕴含数学问题。没有问题，学生就不会产生心理困惑，也就不会产生学习欲望；所谓问题的情境化是指问题情境的创设要将数学问题置于适当的情境中，利于学生的意义建构，情境是问题依托的背景。

从外延来讲，问题情境主要表现为多样化的特点。由于数学问题主要源于现实世界的需求和数学内部发展的需要，数学问题有不同的表现形式，因此，我们所创设的问题情境既可以是现实情境，也可以是数学情境；既可以是数学知识自然生长的情境，也可以是数学与其他学科关系的情境，此即问题情境的多样化。

---

① 王较过. 物理探究教学中问题情境的创设[J]. 天津师范大学学报(基础教育版)，2008(2).
② 李和中. 关于问题情境的两点思考[J]. 湖南教育(综合版)，2004(2).
③ 肖秀梅. 数学问题情境教学模式设计初探[J]. 中国成人教育，2008(9).
④ 吴晓红，刘洁，谢明初，袁玲玲，乔健. 现状、反思与构建：数学新课导入情境化[J]. 湖南教育，2009(4).

PISA试题的一个突出特点是强调问题所蕴含的背景，根据与学生实际生活的距离远近，划分为五种情境：个人的、教育的、职业的、公共的以及科学的情境。这些情境都应该成为创设问题情境教学的背景，是问题情境多样化的表现。

只有把握情境的问题化、问题的情境化以及问题情境的多样化，才能更有效地创设问题情境。

二、为何创设问题情境

没有目的的教学是盲目的，不明确问题情境创设的目的而创设问题情境，其结果只能是形式上的、点缀性的，非但不能发挥问题情境的作用，甚至会起副作用。

就导入新课而言，创设问题情境的目的主要有以下方面：一是激发学生学习数学的兴趣；二是沟通数学与现实生活之间的联系；三是培养学生的问题意识以及提出问题的能力；四是培养学生抽象概括能力、数学建模能力；五是提供问题解决、新知识运用的情境。更根本的问题是，所有这些目的都应服务于数学知识的掌握、数学教学目标的达成。

由此，我们对问题情境的内涵有了更进一步的认识，即创设的问题情境是激发学生探究数学知识的欲望，而不是引发学生对其他知识产生兴奋；是体现了数学化思想的问题情境，而不是生活化的问题情境；是与学生原有知识和经验相联系的问题情境，而不是学生陌生的、难以理解的情境；是学生能够产生问题、提出问题的导入方式，而不仅仅是数学背景材料呈现的方式；是反映了数学思维过程、蕴涵着数学思想方法的问题情境，而不是情境内容与数学内容的割裂；是贯穿于发现问题、提出问题、分析问题以及解决问题这一课堂教学始终的情境，而不是仅仅作为敲门砖的问题情境。

三、什么是一个好的问题情境

什么是一个好的问题情境？不同的人依据不同的标准可以给出不同的观点，诸如，创设的情境要具有现实性、启发性、趣味性、接近性、问题性、开放性、思考性、生成性、数学味，等等。这些观点都有助于对问题情境的理解，但仅仅列出这些特点还不够。

前面的分析表明，问题情境的创设事实上涉及了三种不同的“内容”：情境内容；学生经验内容；数学内容。情境内容是指教师创设问题情境选取的素材；学生经验内容是指学生所具有的知识和经验；数学内容是指需要学习的数学知识。由于数学教学是关于数学内容的教学，而问题情境的创设也是为了使学生掌握数学内容，所以情境的创设不仅应从教学上考虑，还应结合数学内容本身的特点。情境内容不仅应联系学生经验内容，还应密切联系数学内容，通过情境内容的中介，使得学生经验内容与数学内容建立联系，使得数学内容成为学生经验内容的一部分。

因此，一个好的问题情境，应该是三种情境的融合，它满足了现实性、趣味性、接近性、问题性、思考性、生成性等特点。因此，只有正确把握情境内容、学生经验内容以及数学内容三者之间的关系，才能创设好的问题情境。

弗莱登特尔是国际著名的数学家、数学教育家，他的数学教育理论从数学教育实际出发，立足于数学本质，因而对数学教育有更强的针对性和启发性。他的"现实数学"思想对我们理解问题情境的三种内容具有指导意义。

弗莱登特尔认为①，数学源于现实并寓于现实，但是"现实"并不等同于实际的社会生产活动。每个人都有自己的"数学现实"，不一定限于客观世界的具体事物，也可以包括各种层次的抽象的数学概念及规律。比如：学生的"实际"知识有多少？学生的"数学水平"有多高？学生的"日常生活常识"有多广？都是教师应该面对的"现实"。数学教育的任务就在于，随着学生们所接触的客观世界越来越广泛，应该确定各类学生在不同阶段必须达到的数学现实，并且根据学生所实际拥有的数学现实，采取相应的方法予以丰富，予以扩展，从而使学生逐步提高所具有的数学现实的程度并扩充其范围。

可以看出，弗莱登特尔的数学现实既反映了学生已有的知识经验，也反映了客观现实的情境内容。从而，数学问题情境就要根据学生的数学现实来创设，问题情境设计的重点不是考虑数学内容与生活中哪些现实情境有关，也不是考虑哪些现实情境学生感兴趣，而是要思考数学内容怎样与学生的数学现实联系起来。

另外，弗莱登特尔主张，客观现实材料和数学知识体系是融为一体的。因此，创设的情境内容就不能与数学内容相割裂，不能将问题情境仅仅作为敲门砖。如果在导入新课之后就丢掉情境，那么这种情境就是形式上的，"节外生枝"式的，很牵强附会。

因此，数学问题情境的创设，并非仅仅是教学上的考虑，也是由数学知识本性所决

---

① 张奠宙，唐瑞芬，刘鸿坤．数学教育学[M]．南昌：江西教育出版社，1997：176—208.

定的。数学问题情境的创设要建立在学生的“数学现实”基础上，将客观现实和数学知识融为一体。

以此为指导，我们来看以下教学片断：

教学片断：“平均变化率”(苏教选修2-2)

师：世界是运动变化的世界，地球是运动变化的地球，应该说在我们的生活中，变化是不变的主题！而变化既有惊险的“飞流直下”，又有悠闲的“青烟袅袅”。如何数学地刻画变化的快慢，是我们这节课要研究的问题。

活动：(1)甲乙两人经营同一种商品，甲挣到10万元，乙挣到2万元，你能评价甲、乙两人的经营成果吗？(2)甲乙两人经营同一种商品，甲用5年时间挣到10万元，乙用5个月时间挣到2万元，你能评价甲、乙两人的经营成果吗？为什么？

情境1：某城市1995年—2007年的房价变化情况图(多媒体课件)

分析房价变化的图象特征如何？为什么说最近几年房价暴涨？

情境2：2007年9月25日，上海股市曲线图(多媒体课件)

我们知道股市有风险，投资需谨慎。你看这一天股指暴跌，那么图象特征如何？如何从数学角度刻画股指跳水？

情境3：某城市3月—4月间气温变化图(多媒体课件)

问题1：观察上述某市一段时间的气温曲线图，身临其境地谈谈对这些天气温的感受。

问题2：用什么来刻画气温变化的快慢？仅仅用温差可以吗？

问题3：观察图象，哪一段曲线更陡峭？曲线的陡峭程度与气温升高的快慢关系如何？

问题4：在数学上，用什么量来刻画直线的陡峭程度？由点B上升到点C，仅仅考察y_C-y_B的大小，够吗？还需考察哪些量？

问题5：y_C-y_B与x_C-x_B之间用怎样关系式可以量化BC段的陡峭程度？

可以看出，执教教师十分重视现实情境的创设，目的在于激发学生的兴趣，揭示生活中存在着数学，但是忽视了学生的数学现实，股票知识超出了学生的理解，股票的情境内容就可能成为学生认知上的障碍。另外，情境所呈现的房价变化、股市涨跌等内容与平均变化率的数学知识并没有融合在一起，这些情境就不免有装饰、点缀之嫌。

由于教师创设的气温变化情境以问题串的形式，引导学生逐步探索出抽象的数学概念，较好地将现实情境与数学知识融合起来，而且气温变化是学生所能够感受的数学现实，因此，如果突出气温情境，舍去其他情境，不仅节省了时间，也更利于数学内容的学习。

5.1.2 实施有效的问题情境教学[①]

一、有效问题情境教学的特征

没有理论指导的实践是盲目的，没有实践基础的理论是空洞的。在阐明问题情境教学的基础上，我们提出了若干实施有效问题情境教学的特征。

1. 内隐数学问题是实施有效问题情境教学的核心内涵

数学课堂教学的过程是提出问题、解决问题、提出新问题、解决新问题的过程，创设问题情境的意图是为了引导学生提出问题。因此，隐含数学问题是实施有效的问题情境的核心要素。数学问题情境的选择既可以来源于现实生活，也可以来源于数学知识内部的自然发展，两种方式没有孰优孰劣的区分，只存在哪种方式更合适的问题。在教学中，教师应该视具体的教学内容，灵活决定从哪个角度设计和选取问题情境，不管选用何种引入方式，始终要把握的原则是设计和选取的问题情境要能引起学生积极思维，使学生的已有水平和教师要求学生达到的水平之间产生认知冲突，从而激发学生的探究欲望，让学生从情境中提出数学问题，产生数学学习的要求。

2. 引导学生提出问题是实施有效问题情境教学的必要环节

新一轮数学新课程改革注重学生学习方式的根本性转变和变革。《普通高中数学课程标准（实验）》在课程的基本理念、内容标准和实施建议中多处提及注重学习方式的转变。在评价方式建议部分明确指出，在对学生日常数学学习活动进行评价时，要关注学生是否具有问题意识，是否善于发现和提出问题。《义务教育数学课程标准（2011年版）》也明确指出：要增强学生"发现和提出问题的能力、分析和解决问题的能力"[②]。因此，引导学生提出问题是实施有效问题情境教学的必要环节。我们应把学

---

① 吴晓红.数学课堂教学反思[M].上海：华东师范大学出版社，2014.

② 中华人民共和国教育部.义务教育数学课程标准（2011年版）[S].北京：北京师范大学出版社，2012：8.

生是否具备问题意识，能否发现问题并解决问题作为评价问题情境教学是否有效的终极考量点。课堂是学生的课堂，因此教师在教学过程中要把课堂还给学生，把自己的精力稳稳地放在引导、维持和促进学生提出问题和解决问题上。

3. 问题情境外延多样化是实施有效问题情境教学的基本方式

数学问题主要来源于现实世界的需求和数学内部发展的需要，数学问题有不同的表现形式，因此，我们所创设的问题情境既可以是现实情境，也可以是数学情境；既可以是数学知识自然生长的情境，也可以是数学与其他学科关系的背景。PISA 试题划分的五种情境：个人的、教育的、职业的、公共的以及科学的情境都应成为创设问题情境教学的背景。因此，问题情境外延多样化是实施有效问题情境教学的基本方式。

4. 三种情境内容的融合是实施有效问题情境教学的内在诉求

前面的理论分析表明，问题情境的创设事实上涉及了三种不同的“内容”：情境内容、学生经验内容与数学内容。忽视任何一个情境内容都不能成为有效的问题情境教学。

这就要求教师在设计和选取问题情境的素材时，应充分考虑学生的已有知识、认知水平和学习经验，以学生的原有认知和经验作为新知学习的重要生长点，有效激活学生的原有认知，使情境内容与学生的经验内容产生非人为的、本质的联系，促进学生学习活动的有效实施。因此，三种情境内容的融合是实施有效问题情境教学的内在诉求。

根据上述分析，我们就可以认定评价问题情境教学是否有效的四条标准为：问题情境隐含数学问题；问题情境能引导学生自己提出问题；问题情境外延多样化；问题情境为情境内容、数学内容和学生经验内容的融合。

二、有效问题情境教学设计

以下我们将以问题情境的相关理论与特征为指导，以教学设计或课堂案例加旁注（括号给出）的方式，分析实施有效的问题情境教学的四条基本特征分别在概念课和公式课中的体现。

【案例 1】 等比数列的通项公式

教学目标：

1. 能说出等比数列的定义；

2. 能根据给定前几项写出等比数列的通项公式；

3. 能类比等差数列项的性质提出等比数列的相关性质（至少两个）并进行研究。

教学过程：

（一）教师呈现材料

材料1：斐波那契是中世纪意大利著名的数学家，他在1202年写的《计算之书》一书，是当时风靡一时的数学教科书。兔子数列就是其中一章的一个数学问题，在书中还有另外一个有趣的问题：7个妇女去罗马，每个人牵着7匹骡子，每匹骡子负7只麻袋，每只袋子装7块面包，每块面包配有7把小刀，每把刀配有7个刀鞘，问妇女、骡子、面包、小刀和刀鞘各多少？

材料2：我国古算书《孙子算经》中有一个以9为首项，9为公比的等比数列问题“出门望九堤”：今有出门望见九堤，堤有九木，木有九枝，枝有九巢，巢有九禽，禽有九雏，雏有九毛，毛有九色。问各有几何？

（二）材料的分析与思考

问题1：把各例中的各个量按顺序排列成数列，这些数列是等差数列吗？为什么？

问题2：这些数列虽然不是等差数列，但能否像等差数列一样找出它们的共同特征？如果请你给这个数列命名，你会如何命名？

问题3：能否类比等差数列的定义，给出等比数列的定义？

（问题情境隐含数学问题——引出本节课研究的第一个问题：等比数列的定义。）

问题4：类比研究等差数列的全过程，接下来我们应该研究什么？怎么研究？

（问题情境为情境内容、数学内容和学生经验内容的融合——问题情境中隐含数学问题，问题情境与学生先前研究等差数列的过程性经验相融合，使得情境内容与学生的经验内容产生非人为的、本质的联系，自然生成本节课的数学内容。）

问题5：本课我们先处理同学们提出的第一个问题：等差数列的通项公式及其相关性质。

给学生20分钟进行自主学习和合作交流，要求：

(1) 类比建构等差数列通项公式的思路，尝试给出等比数列的通项公式，并给出推导过程；(2)类比等差数列通项公式相关的几个性质，给出等比数列通项公式的相关性质（至少两个），并给出证明。

【分析】问题情境能引导学生自己提出问题，通过唤醒学生的经验内容，尝试利用类比的数学思想方法提出相关问题、分析问题，从而解决问题。

【案例2】"直线与圆的一组切线问题的研究"课堂实录（节选）

师：我们一起来研究一个问题，已知圆方程为 $x^2+y^2=r^2$，求过圆上一点 $P(x_0, y_0)$ 所作的圆的切线方程。有一个要求，先从基本方法入手研究，而后再思考有没有其他解法。

【分析】问题情境隐含数学问题、问题情境外延多样化——以数学知识的自然生长作为问题情境。

生1：研究圆的切线问题的基本方法是斜率法。（板书内容）

(i) 当 $x_0\neq 0$, $y_0\neq 0$ 时，$k_{op}=\frac{y_0}{x_0}$，$k_l=-\frac{x_o}{y_0}$，则切线方程为：$y-y_0=-\frac{x_0}{y_0}(x-x_0)$，变形可得：$x_ox+y_0y=r^2$；

(ii) 当 $x_0=0$ 时，此时 $y_0=\pm r$，当 $y_0=r$ 时，此时切线方程为 $y=y_0=r$，满足 $x_ox+y_0y=r^2$；当 $y_0=-r$ 时，此时切线方程为 $y=y_0=-r$，也满足方程 $x_ox+y_0y=r^2$；同理可知：当 $y_0=0$ 时，切线方程也满足 $x_ox+y_0y=r^2$。

所以切线方程为 $x_ox+y_0y=r^2$。

生2：可以利用直线与圆相切的代数方法研究。当直线斜率存在时，设直线方程为 $y-y_0=k(x-x_0)$，而后将直线方程与圆方程联立成方程组，消元转化为 x 的一元二次方程，利用 $\Delta=0$ 可求出切线斜率为 $k_l=-\frac{x_0}{y_0}$，下面的步骤和生1一样。

生3：还可以考虑直线与圆相切的几何方法。当直线斜率存在时，设直线方程为 $y-y_0=k(x-x_0)$，根据直线与圆相切，也可以求出 $k_l=-\frac{x_o}{y_0}$，以下和生1一样。

生4：可以利用向量法研究。设切线上任意一点坐标为$Q(x, y)$，仍然利用过圆上一点的切线的重要性质可得$\overrightarrow{OP}\cdot\overrightarrow{PP'}=0$，经过坐标运算后得到切线方程$x_0x+y_0y=r^2$。

师：很好！通过几种方法的比较，大家可以体会向量法作为一个工具在高中数学中所起的举足轻重的作用，用向量法研究垂直关系有其独特的优越性，可以避免对斜率的分类讨论，从而大大简化计算和推导过程。我们再转换一个思路和视角，能否从切线的定义和生成方式出发给出本题的解法？思考一下切线是如何生成的？切线斜率是如何生成的？

生5：用割线逼近切线的方法生成的切线，切线斜率也是通过割线斜率逼近得到的。

板书内容：设曲线上有异于P的一点$Q(x_1, y_1)$，则割线PQ的斜率为$k_{PQ}=\frac{y_0-y_1}{x_0-x_1}$，当$y_1\rightarrow y_0$，$x_1\rightarrow x_0$时，此时$k_{PQ}=\frac{y_0-y_1}{x_0-x_1}\rightarrow\cdots\cdots$

（写到此处不知道接着如何处理）

师：既然这个极限不好研究，能不能换个方法表示这条割线的斜率，回想在解析几何中已知弦与圆锥曲线的两个交点坐标还可以怎么求弦的斜率？

生5：点差法，$\begin{cases}x_1^2+y_1^2=r^2\\x_0^2+y_0^2=r^2\end{cases}$，相减得：$(x_1-x_0)(x_1+x_0)+(y_1-y_0)(y_1-y_0)=0$，$k_{PQ}=\frac{y_0-y_1}{x_0-x_1}=-\frac{x_0+x_1}{y_1+y_0}$，当$y_1\rightarrow y_0$，$x_1\rightarrow x_0$，$k_{PQ}=\frac{y_0-y_1}{x_0-x_1}=-\frac{x_0+x_1}{y_1+y_0}\rightarrow-\frac{x_0}{y_0}(y_0\neq 0)$，切线方程为$x_0x+y_0y=r^2$，当$y_0=0$时，也满足$x_0x+y_0y=r^2$。

师：不错！也许在大家看来定义法求切线没有向量法优越，老师引入定义法求切线主要是基于三点考虑：第一，数学解题有时候真会走入“穷途末路”，什么技巧、什么方法都行不通，那么这个时候我们不妨回到问题的起点，回归问题的本源，返璞归真，往往会找到解决问题的方法；第二，在运算过程中如果直接用两点表示割线斜率我们发现不容易求极限值，这里利用点差法将斜率换了一种形式表示；第三，运算过程始终抓住“整体运算”的思想和方法。接着我们可以考虑对结论作进一步研究和拓展，请同学们分别作横向和纵向思考：

1. 横向思考：将圆的圆心变为(a, b)，结论如何？将圆方程变为一般式方程，结论如何？能否从结论中得到圆的一组切线公式的生成方式？

【分析】问题情境为情境内容、数学内容和学生经验内容的融合——问题情境与学生先前获得的研究圆的切线问题的经验相融合，自然生成横向思考题的研究方法。

2. 纵向思考：能否将情境中的圆变为圆锥曲线(椭圆、双曲线和抛物线)呢？如果可以，请类似地给出相应结论，并给出证明。

【分析】问题情境能引导学生自己提出问题——唤醒学生的经验内容，尝试利用类比的数学思想方法提出相关问题、分析问题，从而解决问题。

5.2 探究学习教学的理性实施

学习方式的转变是基础教育课程改革的重要理念之一。《基础教育课程改革纲要》指出："改变课程实施过于强调接受学习、死记硬背、机械训练的现状，倡导学生主动参与、乐于探究、勤于动手，培养学生搜集和处理信息的能力、获取新知识的能力、分析和解决问题的能力以及交流与合作的能力。"①

就数学课程改革而言，《全日制义务教育数学课程标准(实验稿)》指出："有效的数学学习活动不能单纯地依赖模仿与记忆，动手实践、自主探索与合作交流是学生学习数学的重要方式。由于学生所处的文化环境、家庭背景和自身思维方式的不同，学生的数学学习活动应当是一个生动活泼的、主动的和富有个性的过程。"②

在2011年颁布的修改稿中，《义务教育数学课程标准(2011年版)》又进一步指出："学生学习应当是一个生动活泼的、主动的和富有个性的过程，除接受学习外，动手

① 钟启泉，崔允漷，张华. 为了中华民族的复兴，为了每位学生的发展——《基础教育课程改革纲要(试行)》解读[M]. 上海：华东师范大学出版社，2001：4.

② 刘兼，孙晓天. 全日制义务教育数学课程标准(实验稿)解读[M]. 北京：北京师范大学出版社，2002：113—114.

实践、自主探索与合作交流也是数学学习的重要方式，学生应当有足够的时间和空间经历观察、实验、猜测、验证、推理、计算、证明等活动过程。”①

《普通高中数学课程标准（实验）》也“倡导积极主动、勇于探索的学习方式”，并明确指出：“学生的数学学习活动不应只限于接受、记忆、模仿和练习，高中数学课程还应倡导自主探索、动手实践、合作交流、阅读自学等学习数学的方式。”②

《普通高中数学课程标准（2017 年版）》甚至将“数学建模活动与数学探究活动”作为贯穿于必修、选择性必修和选修课程的重要内容。

可以看出，课程改革的一个重要理念是转变学生的学习方式，倡导动手实践、自主探索与合作交流等学习方式。

因此，着眼于数学学习方式的转变，是提高数学教师教学水平进而提高学生数学素养的有效途径。

由于有效的合作学习、探究学习都是自主学习，以下分别着眼于合作学习以及探究学习进行探讨。

5.2.1　正确认识探究学习

所谓“探究学习”，笼统地说，即是指学生通过主动探索相对独立地作出科学发现或创造，包括由此而获得科学活动的实际体验和经验③。由于探究学习突出强调了学生的主动参与，使学生切实处于主体的地位，通过亲身体验和反复实践，学生也可获得对科学本质更为深入的认识，并逐步培养起一定的探究和创新能力，因此获得了世界各国教育界人士的普遍认同，特别是，在新一轮的数学课程改革中，这一方法更得到了大力提倡，它是对机械式接受学习的有力冲击，对于有着深厚的“双基训练”和“讲授式教学”传统的我国数学教育有重要的现实意义。

但就当前而言，在这一方面也可看到某些认识上的片面性与做法上的绝对化，后者如不能得到及时纠正就必然会对课程改革的深入发展产生严重的消极影响，特别是，我们更应清醒地认识到探究学习既有其一定的合理性和优越性，同时也有一定的

---

① 中华人民共和国教育部. 义务教育数学课程标准（2011 年版）[S]. 北京：北京师范大学出版社，2012：3.

② 中华人民共和国教育部. 普通高中数学课程标准（实验）[S]. 北京：人民教育出版社，2003：3.

③ 郑毓信，吴晓红. 数学探究学习之省思[J]. 中学数学月刊，2005(2).

局限性，因而，这里的关键就仍然在于恰当的应用与必要的引导。以下分别围绕具体科学知识内容的掌握、数学思维的学习两个方面对此作出具体分析，全面认识探究学习。

一、探究学习与科学知识内容的掌握

相对于数学教育而言，探究学习在科学教育中有着更大的影响，因为人们往往有这样一种十分普遍的信念，即认为人们可以通过观察和实验发现基本的科学事实，并经由归纳发现普遍的规律；进而，按照这样的信念，在科学教育中也就完全可以放手让学生独立地去做出科学发现，特别是，就初步的科学知识的学习而言，我们更可认为学生通过日常生活已经积累起了一定的经验，这些生活经验可被用作相关科学发现的直接基础，所需要则就是引导学生切实按照上述的顺序进行工作。

正因为探究学习在科学教育中具有更大的影响，我们在此首先对其作出具体分析，特别是，清楚地指明上述认识的局限性。

具体地说，即使在较为初等的层面上，我们也应清楚地看到学生经由日常生活所自发形成的种种"经验性知识"往往会与相关的科学知识产生直接冲突。例如，如果局限于"日常经验"，人们往往会形成如下的各种认识：地球是不动的，其他各个星体，包括太阳都处于围绕地球的圆周运动状态；如果不保持一定的推动力量，物体就不可能永远保持运动状态；轻重不等的物体从同一高度同时下落时，重物一定比轻物降落得快，等等。而只是经由学校的科学学习，我们才逐步认识到这些"经验知识"事实上都是错误的。更为一般地说，在不少学者看来，我们在此并可提出如下的明确结论：科学认识并非建立在直接经验之上的日常意识；恰恰相反，"如果一些认识是与日常认识相一致的，则就几乎不可能是科学的，因为，世界并不是像日常意识所认识的那样运作的"①。显然，这事实上就从一个侧面清楚地表明了探究学习的局限性。

应当指明的是，从理论的角度去分析，以上关于"人们可以通过观察与实验发现事实，并经由归纳发现普遍规律"的认识，即可被看成所谓的"经验主义"立场的具体体现，后者并在"逻辑实证主义"这一哲学体系中得到了系统的理论表述；但是，尽管逻辑

---

① Matthews M. Science Teaching: The Role of History and Philosophy of Science [M]. New York: Routledge. 1994: 159.

实证主义曾在西方学术界中长期占据主导地位，以致被看成正统科学观的典型代表，这却又正是科学哲学自20世纪60年代以来的一个发展主流，即从各个不同的角度对所说的"正统科学观"进行了深刻批判，包括清楚地指明了经验主义立场的局限性。例如，一些哲学家（特别是休谟）早就对归纳方法的有效性提出了明确的质疑；另外，现代的科学哲学研究也清楚地表明了所谓的"中性的"（经验）事实实际上并不存在，因为，任何观察或实验都必然地渗透有理论的成分。更为一般地说，由于任何真正的认识活动都必须借助于一定的语言，亦即必须使用一定概念和理论，因此，在这样的意义上，我们也就可以说，人人都是通过"有色眼镜"去观察世界的——特别地，就我们目前的论题而言，这显然也就十分清楚地表明了这样一点：对于已有文化的很好继承即应被看成作出独立发现的一个必要前提。

与纯粹的理论分析相对照，我们在此还可特别提及儿童发展心理学研究的一些具体成果。具体地说，相对于先前曾获得人们高度重视的瑞士心理学家皮亚杰在这一方面的工作而言，人们现今对于苏联的维科斯基在这一方面的各项研究成果、特别是其在这一方面的基本论点给予了更多的强调。例如，如果说皮亚杰比较强调生理成熟程度对于儿童智力发展水平的制约作用，那么，维科斯基就更为突出地强调了文化继承对于儿童智力发展的特殊重要性。特别地，也就是从后一立场出发，维科斯基认为，我们即应清楚地看到学校学习对于儿童智力发展的重要影响，而科学概念（和知识）的学习则更可以说对学生思维的发展发挥了不可取代的重要作用。例如，与皮亚杰不同，维科斯基并不认为所谓的"自发思维"（儿童的"日常概念"属于这一范围）与"非自发思维"（儿童经由学校所习得的科学思维属于这一范围）这两者在儿童身上的发展是完全独立的、直至前者最终为后者所完全取代，恰恰相反，"自发性与非自发性的概念的发展是彼此联系和相互影响的"。具体地说，"日常概念为科学概念及其向下发展清出一条道路。它为概念的更原始、更基本的方面（它给了概念以本体和活力）的演化创造了一系列必要的结构"；与此相对照，"科学概念依次为儿童有意识地和审慎地使用自发概念的向上发展提供了结构"。这也就是说，"学校教学促使儿童把知觉到的东西普遍化起来，并在帮助意识他们自己的心理过程方面扮演着决定性的角色……反省的意识经由科学概念的大门而成为儿童的财富"。例如，维科斯基指出："系统化的萌芽首先是通过儿童与科学概念的接触而进入他的心灵的，然后再被转移到日常概念，从而完全改变了他们的心理结构。”更为一般地说：“这些科学概念从一开始便具有普遍性的关系，也就是说，具有一个系统的某种雏型。科学概念的形式训练逐渐转变儿童自发概念的结构，并且帮助他们组织一个系统，这促使儿童向更高发展水平迈进。”①

显然，就我们目前的论题而言，维科斯基的以上工作即是更为清楚地表明了这样一点：应当注意防止对于探究学习的片面强调，亦即认为学生可以完全独立地去做出各项科学发现；恰恰相反，我们应当明确肯定文化继承的重要性，特别是，教师在此更应发挥重要的引导作用，包括从各个方面为学生的主动探究做好必要的“铺垫”或准备。值得指出的是，后者事实上也可被看作国际上的相关实践所给予我们的一个重要启示。例如，探究学习在20世纪60年代的美国曾得到了积极提倡，然而，这最终又只能说是一次“失败”的运动：尽管所说的“失败”有着多种“外部”原因，如资源缺乏，教师培训没有跟上，等等，但其最为重要的原因恰又在于其基本立场的错误，即认为学生无须通过系统的学习，亦即对于已有文化的认真继承就可相对独立地做出各项重要的科学发现并建立起相应的系统理论，以致探究学习在实践中举步维艰。② 前车之鉴，后车之师，这一教训当然应当引起我们的高度重视。

二、探究学习与数学思维的学习

相对于一般的科学教育而言，数学教育显然有其一定的特殊性。例如，与一般科学教育中对于观察与实验的强调相对照，在数学教育中人们往往更为关注具体的解题活动，以至于“问题解决”常常就被认为是数学探究学习的主要形式；另外，与一般的科学教育不同，在数学教育中归纳法的局限性也有着更为直接的表现，后者事实上就构成了数学教育中对于证明的突出强调的直接原因。当然，除上述的不同点以外，数学探究学习与科学探究学习之间也有很多的共同点。例如，就当前而言，数学教育中对于探究学习的提倡往往也突出强调了学生的“动手实践”；另外，更为重要的是，尽管具体形式可能有所区别，但无论就具体知识内容的学习或是就深层次的认识，乃至相应能力的培养而言，数学探究学习与科学探究学习又都具有一定的局限性。以下将联系数学思维的学习对此作出具体分析。

---

① 维科斯基. 思维与语言[M]. 李维，译. 杭州：浙江教育出版社，1997.

② Welch. Inquiry in School Science [A]. N. Harms, R. Yager(ed). What Research Says to the Science Teacher [C]. Vol. 3. NSTA. 1981.

具体地说，我们在此事实上也应首先肯定“问题解决”，包括实物操作等实践活动对于学生学习数学思维的重要性。例如，这正是皮亚杰关于数学思维的分析的一个重要内容，即明确肯定了实物操作对于儿童发展数学思维的特殊重要性。皮亚杰这样写道：“儿童的逻辑和数学的运演是来源于他对物体所做的简单活动，例如把物体进行组合或对应放置之类的活动。”也就是说，“活动既是感知的源泉，又是思维发展的基础”。① 但是，作为问题的另一方面，皮亚杰又强调，如果我们始终停留于实物操作，则又不可能形成任何真正的数学思维，因为在此最为重要的即是活动的“内化”。例如，正如卡拉尔和施利曼所指出的，这是皮亚杰的一个基本观点：“高级数学最终归结为对于行动的思考，这些行动最初寓于人的身体世界，但是最终寓于心理活动本身，人能够在没有具体物体的情况下进行这种心理活动。”② 也就是说，只有“在那些保证主客体之间存在着直接的相互依存关系的简单活动之上，增添了一种内化了的并且更为精确地概念化了的新型活动”，才能促使运动格局的不断扩展，使得认知结构愈来愈复杂，最后达成逻辑—数学结构。③

事实上，也就是基于这样的认识，皮亚杰作出了关于“活动”(action)与“运演”(operation)的明确区分：后者即是指内化了的活动，并认为只有在运演的水平上，我们才可能真正谈及所谓的“逻辑—数学经验”——显然，就我们目前的论题而言，这也就从另一角度更为清楚地表明了探究学习的局限性，特别是当我们始终停留于具体的操作活动，而未能将活动内化时，相应的探究活动就仅仅是一种游戏而并非真正的数学活动。

其次，应当强调的是，皮亚杰的以上分析已涉及了数学思维的一个本质特点：数学抽象不同于一般的“物理抽象”，而是一种“自反抽象”。亦即如何“把从已发现的结构中抽象出来的东西反射到一个新的层面上，并对此进行重新建构”④。显然，按照这样的分析，不断的重构或重组也就应当被看成数学思维的一个基本形式。也

① 皮亚杰. 发生认识论原理[M]. 王宪钿等，译. 北京：商务印书馆，1981：中译者序 4—6.

② 卡拉尔，施利曼. 数学教育中日常推理的应用：实在论对意义论[A]. 乔纳森，兰德. 学习环境的理论基础. 上海：华东师范大学出版社，2002：163.

③ 皮亚杰. 发生认识论原理[M]. 王宪钿等，译. 北京：商务印书馆，1981：28.

④ Beth E W, Piaget J. Mathematical Epistemology and Psychology [M]. Berlin: Springer, 1974: 282.

就是说，数学思维的进一步发展即是自反抽象的反复应用，亦即在更高的层次上对已有的东西(活动或运演)重新进行建构，从而使前者成为一个更大结构的一部分。

现代的研究已表明，所说的“重构或重组”具有多种可能的形式，如“熟悉的对象之间关系的重构”，“整合概念的新侧面”(即横向扩展的重组)，“概念化的水平的变化”(即纵向发展上的重构)，等等①；另外，从总体上说，所谓的“重构与重组”则又应当被看成集中地表明了数学思维发展的不连续性。正如国际数学教育委员会(ICME)现任副主席安提卡(M. Artigue)所指出的，“数学学习不是一个连续的过程，它必须重新组织、重新认识，有时甚至要与以前的知识和思考模式真正决裂。”②

显然，相对于先前关于操作活动局限性的分析而言，以上所说的数学思维发展的不连续性即可说是从一个更为广泛的角度指明了探究学习的局限性，因为后者十分清楚地说明了这样一点：就数学思维的发展而言，反思比具体的解题活动有着更大的重要性。应当指明的是，在很多教育家看来，后一结论对于一般的学习活动也是成立的。例如，美国当代著名教育家多尔(W. Doll)就曾明确指出：“世界的知识不是固定在那里等待被发现的；只有通过我们的反思性行为，它才能得以不断的扩展和生成。”“正是通过反思性的行为，这一理解及其深度才得以发展。教学行为能够为这一过程‘播种’……即通过交互作用培植某些观点，但这些观点的发展要通过反思过程而达成内化。”③

因而，总的来说，这就应当被看成努力做好探究学习的一个重要方面，即在相应的教学活动中，我们不应主要关注所涉及的探究活动是否真正做出了相应的发现，更不能满足于具体问题的解决，而应积极引导学生作出进一步的思考与探究，包括对于已建立的知识和认识的认真反思，从而努力实现向着更高层次的过渡。应当指明的是，后者事实上也可被看成国际上相关的教育实践，特别是“问题解决”这一改革运动所给予我们的一个直接启示。具体地说，由于未能清楚地认识到“问题解决”不能等同于全

① Artigue M. What can we learn from educational research at the university level?. D. Holton (ed). The Teaching and learning of Mathematics at University level: An ICMI Study [C]. Kluwer, 2004.

② 同上注.

③ 多尔. 后现代课程观[M]. 王红宇，译. 北京：教育科学出版社，2000：147，194.

部的数学活动，以及由“问题解决”过渡到“数学地思维”的重要性，因此，尽管这一世界性的数学教育改革运动曾产生十分重要的影响，其基本观点也有很大的合理性，但在实践中却仍然暴露出了诸多的缺点与不足之处，并因此而遭到了人们的广泛批评（可参见：《数学教育的现代发展》中的关于“问题解决”的再思考[①]）。因而，我们必须十分重视从中吸取有益的启示与教训。

以上分析表明，尽管探究学习充分发挥了学生学习的主动性而在很大程度上改变了传统教育的机械、被动、接受的学习方式，尽管探究学习使学生体验了数学的发现过程从而对培养学生的创新精神和实践能力有着特别重要的意义，但我们对其应有清醒的认识，包括应清楚地认识到其基本立场所固有的局限性，只有这样，才能避免认识上的片面性和实践上的绝对化倾向，才能促进教育的健康发展和改革的顺利进行。

5.2.2　实施有效探究学习教学

《普通高中数学课程标准（2017年版）》多次指出，数学是一门抽象的科学，所以教师要注意适度形式化，不能让学生淹没在数学形式化的海洋里，要化数学那“冰冷的美丽”为“火热的思考”，引导学生经历感受知识的形成过程，掌握知识的来源、发生、发展和应用的全过程。所以，在数学教学中，开展探究学习教学是提高数学素养的重要途径。以下我们将通过两个教学案例作具体说明。

一、两个教学案例

【案例3】　　圆柱体体积计算[②]

师：上周我们学习了如何计算圆的面积和长方体的体积，今天将探讨如何计算圆柱体的体积。这次由你们自己去做。在你们每个人的实验台上都有5个体积不同的圆筒，一把尺子和一台计算器，你们还可以用水槽里的水。但是，你们所应该利用的最重要的资源应该是头脑和同学。记住，活动结束时，各个组的每个同学都要做到不仅能够说出圆柱体的体积公式，还要准确地解释该公式是如何推

① 郑毓信. 数学教育的现代发展[M]. 南京：江苏教育出版社，1999：175－185.
② 谢明初. 数学教育中的建构主义：一个哲学的审视[M]. 上海：华东师范大学出版社，2007：101.

导出来的？有什么问题吗？好，开始吧。

学生4人一组围坐在实验台旁，其中A组一开始就把所有的圆桶装满了水。

生1：我们已经把所有的圆筒都装满了水，下面该做什么？

生2：我们来测量它们吧。

生2：拿起尺子，并让生3记录下测量结果。

生2：这个小的圆筒高36毫米，等一下，……底的直径是42毫米。

生4：那又怎么样？我们用这种方法不能测量出体积来。在开始测量每个圆筒体积前，我们最好先考虑一下。

生3：生4说得对，我们最好先做个计划。

生1：我明白了，我们先要有个构想。

生4：对，让我们考虑一下怎么解决这个问题。

生1：想一想，老师让我们回忆圆的面积和长方体的体积，我想，这可能是一个重要的线索。

老师正巧走到这里：你是对的，那么，你们怎样利用这个信息呢？

大家沉默了一会。

生3：大着胆子说：让我们试着测量出每个圆筒底部的面积，刚才说小的圆筒底部是42毫米，给我计算器，……现在我们怎么算出面积？

生4：应该是π乘以半径的平方。

生3：是的，那么，42的平方……

生2：不是42的平方，是21的平方，如果直径是42，那么，半径就是21。

生3：对，我忘了。那么，21的平方是441，π是3.14，计算器上的得数是13 847。

生1：不可能，400乘以3是1 200，所以441乘以3.14不可能是13 000。你肯定算错了。

生3：我再算一遍，441乘以3.14，……你对了，是1 385。

生4：该做什么了？还不知道怎么算出体积。

生2兴奋地说：我想，我们应该用底部的面积乘以水的高度。

生1：为什么？

生2：是这样，在计算长方体体积时，我们用长乘以宽再乘以高，长乘宽是底部的面积，我猜想我们可以用这样的方式计算圆筒的体积。

生3：绝顶聪明的女孩。我同意，但怎么来证明呢？

生4：我有个想法(他把所有圆筒里的水倒出，然后在最小的圆筒里装满水)，这是我的想法：我们不知道这个圆筒的体积是多少，但我们知道它的体积总是相等的。如果我们将等量的水倒入四个圆筒中，然后用我们的公式来计算，那么就应该得到一个总是相同的值。

生2：让我们来试一下。

学生操作……

小组测量了圆筒的底部和水的高度，记下数据，将其代入公式。他们非常高兴：用这个公式计算出来的等量体积的水的值都是相同的。

学生无比兴奋，让老师过来看他们的成果。老师让每个学生解释他们是怎么做的。

师：太棒了！你们不仅找到了解决问题的方法，而且小组中的每个人都参与并理解了这项活动。现在我希望你们能帮我一下。其他几个小组的同学仍然很困惑，你们能否帮助他们一下。不要告诉他们答案，只是给他们提供思路。

【案例4】　　　　“圆柱的体积”教学设计片段①

一、创设情境，提出问题

1. 怎样计算圆的面积？这个公式是怎样推导的？[课件显示等分圆及拼成近似长方形的过程：通过圆的圆心，将一个圆平均分成若干个(如16个)扇形，再把这若干个扇形拼成一个近似的长方形。]

师：我们找出近似长方形和圆面积之间的关系，再找出近似长方形的长和宽与圆的周长和半径之间的关系，利用长方形的面积计算公式就可以推导出圆的面积计算公式。

2. 怎样计算长方体的体积？怎样计算圆柱的侧面积？

---

① 石顺宽.“圆柱的体积”教学设计[J].黑龙江教育，2005(3).

板书：长方体的体积＝底面积×高

圆柱的侧面积＝底面周长×高

3.（课件显示一根圆柱形钢材）问：这根钢材是什么形状的？

师：如果平均每立方分米的钢材重7.8千克，那么，这根圆柱形钢材重多少千克呢？

板书：一根圆柱形钢材，____________，平均每立方分米钢材重7.8千克，这根圆柱形钢材重多少千克？

二、探索新知

师：圆柱的底面是两个完全相同的圆，能不能像学习圆的面积那样，把圆柱体转化为我们曾经学过的某一种立体图形呢？说一说怎样切分圆柱体？（学生思考）

1. 等分圆柱体

[课件演示：通过圆柱的底面直径（半径）把圆柱底面平均分成若干份（16等份），把圆柱的底面分成16个相等的扇形，再沿着圆柱的高把圆柱切开，把圆柱等分成底面是扇形的16块。]

2. 实验操作

现在以4人一小组为单位，用手中的圆柱体（已等分为16份）动手拼一拼，看能拼成什么图形。（学生动手操作）

……

3. 推导公式

师：现在，同学们把拼成的长方形作为研究对象，小组合作，思考讨论一下问题：

① 拼成的长方体的体积和圆柱的体积有什么关系？为什么？

② 拼成的长方体的底面积和原来圆柱的底面积有什么关系？

③ 拼成的长方体的高和原来圆柱的高有什么关系？

④ 怎样计算圆柱的体积？

……

二、分析与思考

可以看出，以上两个案例有明显不同，或者说采取了不同的哲学立场，案例3“视数学知识是生成的、动态的，是由学习主体建构的；视数学是组织个体经验的一个不断适应的过程，而非发现存在于个体外部的客观数学规律”①。反映在教学过程中，学生通过和同伴主动探索，经历科学探究的过程，相对独立地发现了“我们的公式”，“不仅找到了解决问题的方法，而且小组中的每个人都参与并理解了这项活动”。因此，这一探究活动是三维目标达成的探究学习：学生经历了知识的形成过程，建构了圆柱的体积公式，掌握了解决问题的方法，获得了探究学习的情感体验，感受了数学知识的生成过程，收获了探究数学活动的经验，学会了交流，有助于形成正确的数学观。

对于案例4，教学设计中也包括学生的探究活动，诸如：学生实验操作、小组合作、推导公式等，进一步考察教学设计过程，有些问题值得我们进一步思考。

首先，在创设问题情境环节，关于问题1“怎样计算圆的面积？这个公式是怎样推导的？”教师通过“课件显示等分圆及拼成近似长方形的过程”给出了答案，表面上是复习旧知，其实质在于为其后进行的切分圆柱体埋下了伏笔或者进行暗示，旨在引导学生在下面的学习中切分圆柱体。问题2和问题3，主要作用在于复习旧知，引出课题。因此，这里创设的问题情境，主要目的还在于引出课题，暗示切割圆柱的方法。

在探索新知环节，教师指出：“……能不能像学习圆的面积那样，把圆柱体转化为我们曾经学过的某一种立体图形呢？说一说怎样切分圆柱体？”这里，根据教师的引导，学生会顺利探索出结果，整个教学过程也会比较顺利。但是为何要像学习圆面积那样进行转化？是怎样想到要切分圆柱体的？这些问题学生并不知道。这就在他们的认知上造成了空白，学生的探究也就成了一个空壳，有形无实。看起来是探究，实质上并没有学生的自发思考。因此，教师的启发实际上是规定了探索新知的方向，限制了学生的思考路径，这样的教学也就难以产生其他的探索方法。

在具体活动中，学生动手操作教师已经切分好了的圆柱体，仅仅是一个操作步骤的合作，在开始创设的情境的引导下，操作基本没有思维含量。最关键的问题是，该实

---

① 谢明初. 数学教育中的建构主义：一个哲学的审视[M]. 上海：华东师范大学出版社，2007：103.

验不是学生自己想出来的，而是教师告诉的，学生的操作是执行而不是探究，一定程度上体现出“教师牵着学生的鼻子走”的问题。

三、有效的探究学习

以上案例启发我们，在倡导学习方式转变的今天，必须探讨什么是有效的探究学习。我们认为，有效的探究学习需要考虑以下问题：

1. 探究什么

并不是“所有的学习领域和学习主题都需要用探究学习的方式来进行”[①]，接受学习也是必要的。因此，实施探究学习首先要关注“探究什么”。

从教学实践来看，适合数学探究的问题很多，如可以将教材中的数学公式、法则、性质、定理等作为探究问题，进行数学形成性探究；可以将一题多解的数学问题作为探究问题，开拓数学解题的应用性探究；可以将有规律可循的数学问题作为探究问题，进行数学规律的建构性探究；也可以将数学开放性试题作为探究问题，进行不同层次、不同角度的多元探究。[②] 因此，勾股定理的形成过程、一题多解、寻找规律等都是常见的探索内容。

同时，也有一些内容不适宜学生展开长时间的探究，如：

一些最原始的数学概念（如直线、射线、线段、有关计量单位等）。可以在学生感知的基础上，由教师直接告知。

一些约定俗成的记号（如平行、垂直、全等、相似等）。当然很多记号确有其合理性，合适的记号便于交流，也给学生提供了探索的可能，但这样的内容不适宜展开长时间的探究，教学中可以让学生了解记号的合理性，并给学生提供课后阅读材料。

还有，一些以定义方式给出的概念是不需要学生进行探究的，如：

一些描述性定义，如“这些立体图形中，像火柴盒、砖的形状是长方体”。

一些关系定义，如“若数 a 能被数 b 整除，a 就叫做 b 的倍数，b 就叫做 a 的约数”；“相交于同一个顶点的三条棱的长度分别叫做长方体的长宽高”；“分子比分母小的分数叫做真分数，分子比分母大或者分子和分母相等的分数，叫做假分数”。

---

① 钟启泉，崔允漷，张华．为了中华民族的复兴，为了每位学生的发展——《基础教育课程改革纲要（试行）》解读[M]．上海：华东师范大学出版社，2001：262.

② 章飞．数学教学设计的理论与实践[M]．南京：南京大学出版社，2009：50.

一些外延定义，如“加减乘除四种运算，通常叫做四则运算”；“基本初等函数包括幂函数、指数函数、对数函数、三角函数、反三角函数以及常函数”。

一些发生定义，如“圆：当一条线段绕着它的一个端点在平面内旋转一周时，它的另一个端点的轨迹叫做圆”。

……

这些定义可以在学生感知的基础上，教师直接告诉，也可以直接提供原型或背景，揭示或归纳其共性得出概念，然后进行概念性的解释、识别与辨析。

要说明的是，并非所有适合探究的内容，都需要让学生经历所有的探究过程，有些内容既可以让学生自主探究，也可以由教师教授学生，应该结合具体教学情境和学生实际情况作出恰当的选择。

2. 如何探究

(1) 探究的起点：问题性

在探究学习中，探究活动首先是基于问题的活动，探究问题是学习的动力、起点和贯穿学习过程的主线，它是激发学生探究活动的根源，探究活动的最终指向是该探究问题的解决。问题既可以是教师提供的，也可以是学生独立提出来的，无论谁提出问题，所提的问题都必须指向明确，使学生有明确的探究目标和探究方向，避免探究活动的盲目性、随意性。

案例3中，教师提出问题：“各个组的每个同学都要做到不仅能够说出圆柱体的体积公式，还要准确地解释该公式是如何推导出来的”，这样，学生在探究活动中就能明确探究目标，沿着指向明确的方向进行探究。而在第四章“抛物线及其标准方程(苏教版选修1－1)”教学案例中，教师一开始就直接要求学生通过动手操作“解决题目上的问题”，表面上看是给出了问题，但是探究问题并不明确。如：为什么要折纸？为什么要按照给定的步骤折纸？折纸以后要达到的目标是什么？学生处于困惑之中，只会遵循教师的指令执行操作指令，不知道将会导向何方，也难以探究出结果。

因此，有效的探究学习在探究起点上首先要有问题性，探究问题明确是有效实施探究学习的基础。

(2) 探究的过程：参与性

探究起点注重问题性不足以保证探究学习的有效开展，学生亲历探究过程才是关键。

探究过程中的“过程”不仅是学习的手段，也是教学目标，即必须让学生在数学探究活动中去“经历过程”、积极主动“参与过程”。如果仅仅注重在知识的形成过程中学习知识，那么对“探究过程”的定位则主要是服务于知识的学习，难免会出现教师直接讲授“探索过程”的现象，数学学习就会由听“结果”变成了听“过程”，这样的“探究过程”就失去了探索的意义。①

（3）探究结果的获得：自主性

探究问题的明确性以及学生亲历探究的过程，为学生自主建构探究的结果奠定了良好的基础。探究学习是学生的一种自主性活动，它注重学生对数学知识的自主建构。如果教师处处指导、牵引学生探究、规定探究方向，将探究过程、探究过程的具体操作、探究过程所要达到的结论都设计出来，组织学生按部就班地实践或经历探究过程的每一步，把学生直接引向所要获得的学习结果，那么这种探索就会演变成机械训练，也就无法使学生体验探究学习的乐趣，难以真正理解知识，或者说理解得不深，即使当时理解了，也很容易忘却。

案例 3 中，通过学生自主探究，建构了知识“我们的公式”，同时“不仅找到了解决问题的方法，而且小组中的每个人都参与并理解了这项活动”。

因此，在有效的探究学习中，学生不是接受知识的“容器”，而是自主知识的“习得者”。就探究的结果而言，探究学习的成果是学生自主建构的产物，通过自己的探究发现问题，建构知识，获得体验。

（4）探究的环境：开放性

开放性是探究学习的一个重要特征，“探究”一词的本质特征在于对现有知识或理论的开放态度和创新的意识。② 探究学习强调开放性，体现在：探究必须建立在开放的课堂教学体系之上，给学生创造一个宽松、和谐、民主的心理氛围，让学习目标、学习内容、学习时空、学习过程、学习成果开放，不能规定探究方向，限制学生的数学思维，以发展学生的逻辑思维和批判性思维能力，培养学生对科学知识或理论的开放态度、

① 严士健，张奠宙，王尚志. 普通高中数学课程标准（实验）解读[M]. 南京：江苏教育出版社，2004：176.

② 李华. 探究式科学教学的本质特征及问题探讨[J]. 课程・教材・教法，2003(4).

创新精神以及严谨的科学实证精神。

可以看出，案例3中的教学环境是较为开放的，学生在一个宽松、和谐、民主的氛围中，自主建构自己的知识。而教学案例4中的学习环境则较为封闭，学生缺乏独立自主性，没有独立思考，只有执行。

在当前，我国绝大多数课堂的显著弊端之一便是教师对于课堂的过度控制。教师固然是教学的主导者，教师有权调控课堂，并引领教学的进程，但教师的过度控制妨碍了学生自主性、独立性和主动性的发挥，尊重学生的自主权和主动权是开放课堂的重要特征。在学生探究时，教师不要做过多的干预，因为学生这时候的思维是开放的，教师给他们的提示越多，他们的思维就越受束缚。

（5）探究的结果：反思性

前面的分析表明，"数学学习不是一个连续的过程，它必须重新组织、重新认识，有时甚至要与以前的知识和思考模式真正决裂"①。相对具体的解题活动而言，反思对于数学思维的发展有着更加重要的作用。也就是说，探究过程的结果并不意味着学习过程的结束，对探究结果进行反思，是理解探究过程、掌握探究结果的重要工作。

实际上，弗赖登塔尔关于数学学习的层次性论述，更加明确地指出了反思探究学习结果的重要性。

弗赖登塔尔认为，"学习过程是由各种层次构成的，用低层次的方法组织的活动就成为高层次的分析对象；低层次的运算内容又成为高层次的题材"②。例如，对完全归纳法原理和皮亚诺公理系统的学习，"首先必须有一个例子以迫使学生发现完全归纳法，通过特殊例子，他认识到普遍的原理；随后将其用于更复杂的情况；又在掌握原理的基础上，才能在教师的帮助下进行系统的阐述；最后如果他在公理化方面有一些亲身体验的话，他才能进入皮亚诺公理的轨道"③。可见，数学认识的发展即是学习过程层次的不断提高，通过反思低层次上获得的数学知识而上升到较高层次的过程。而层次的提高并不能由简单的自主探究活动就可获得，这从另一角度又表明了反思的重要

---

① Artigue M. What can we learn from educational research at the university level?. D. Holton (ed). The Teaching and learning of Mathematics at University level: An ICMI Study [C]. Kluwer, 2004.

② 弗赖登塔尔. 作为教育任务的数学[M]. 陈昌平，唐瑞芬等，编译. 上海：上海教育出版社，1995：115.

③ 同上书，113.

性、知识的组织与系统化的重要性，以及停留于简单的游戏操作的局限性。

因此，无论是对具体问题、特殊对象的探究发现数学规律，还是通过自主探究进行问题解决，探究学习往往局限在一个固定层次上进行，如果探究活动在很大程度上是借助操作游戏来演示明显的数学特征，那么这种探究不仅是在单一层次上发展，而且是在最低的层次上进行，要使其向着更高抽象水平的发展就有明显的局限性。例如，儿童虽然可以通过不同颜色积木块的一一对应的活动来比较积木块数量的多少，但他们并不理解所使用的对应法则，正所谓“不识庐山真面目，只缘身在此山中”。而且，自主的探究过程很容易受到以前的知识和思考模式的影响，也就未必能做出正确的发现。

数学学习的层次性表明，探究活动是数学教学必不可少的层次，正因为传统教学跳过这一层次，所以探究学习成为课程改革所积极倡导的学习方式。但同时，探究学习所具有的局限性又表明，数学学习不能停留于一个固定的层次上，特别是最低的层次上，只有将探索的东西作为进一步反思的对象，或者说促进学生对低层次活动的反思，才能提高学习的层次，理解探究活动的数学内涵，也才能够居高临下，一目了然。否则，即便学生进行了探究，却未必能理解数学。

5.3　合作学习教学的理性实施

5.3.1　正确认识合作学习

合作学习理念已深入人心，被广泛地应用于课堂教学之中。但现实中的合作学习教学却处于尴尬之中。一方面，为体现新课程理念，合作学习成为一线教师经常采用的学习方式，特别在公开课上，经常会听到教师说“请大家合作完成”，“几个同学一起讨论讨论”；但另一方面，在教研活动中，合作学习又往往成为质疑反思的对象，“热闹有余，收效甚微”“合作有名无实、课堂嘈杂无序”等是常见的对合作学习的教学评价。这表明一线教师已从理论上明确了合作学习的重要性，但是对于如何指导学生合作、怎样组织合作学习教学、怎样的合作学习是有效的等问题还很茫然。一个高效有序合作学习的教学案例能够使我们感性地认识合作学习，为我们实施合作学习教学指明方向。以下我们将通过张冬梅老师执教的《米的认识》这堂课来认识什么是有效的合作学习。①

一、合作学习教学实录

《米的认识》是苏教版《义务教育课程标准实验教科书数学》二年级（上册）的内容。在《米的认识》这节课中，老师设置了五次小组合作活动，让学生以合作学习的方式认识“米”。

【第一次合作】

师：同学们，你们想不想知道自己身上哪儿离地面1米高？

每个组由4位同学组成，量其中的一个人。当然了，有合作就得有分工。比如，4个同学中可以有一个同学像张老师这样站直，第二个同学拿着米尺去量，第三个同学仔细观察，检查方法，第四个同学拿着标签去贴。你们会合作吗？

先请一个小组合作示范一下。同学们仔细瞧瞧他们是怎么合作的？

小组示范活动结束后，教师和学生一起检查完成情况。

师：有一个细节让我感动，贴完标签后，4个孩子同时用眼睛打量这个标签，我在猜想，他们心里一定在说：这儿离地面有1米高。

你们也像他们这样合作，贴完标签以后也要像他们一样仔细地打量，行吗？

可以看出，第一次合作学习具有以下特点：

1. 目标明确：用米尺测量小组中的一个人身上哪个部位离地面1米高。

2. 人人参与，分工合作：一位同学被测量，第二位学生实施测量，第三位检查测量方法，第四位给出结果。

3. 指导示范：选取一个示范组，在教师指导下开展合作。

4. 及时反馈：示范活动后，师生共同检查合作方法及贴标签情况。

5. 强调学习结果：一是合作学习的方法（像他们这样合作），二是合作学习的结果（贴完标签以后，用眼睛仔细地打量1米的高度）。

【第二次合作】

师：张开双臂，想不想知道从指尖开始到哪儿是1米长呢？

---

① 吴晓红，宋磊，张冬梅，束艳. 什么是有效的合作学习——基于“米的认识”的解读[J]. 课程·教材·教法，2012(8).

下面就由每个小组开展第二次合作来量一量。我们已经有第一次合作的经验了，那么，第二次合作要注意些什么呢？

生：胳膊要伸直。生：还要把尺子放平……

师：老师想给大家一个建议，同学们之间的分工可以交换一下。比如，刚才我是站直的，这次可以拿着米尺去量。还有，贴完标签，我们要用眼睛好好地打量打量。

第二次合作，教师在明确提出合作目标后，指出合作分工可以交换，让学生进一步体会合作规则方法，同时进一步强化合作结果：用眼睛感受1米的长度。

【第三次合作】

师：接下来进行第三次合作，请大家在教室中找个东西量一量，从哪儿到哪儿是1米。这次老师要求大家贴完标签以后，每个人都伸出双手去比划一下，一边比划一边说：这么长是1米，或者说，这么高是1米，等等。当然，分工还可以继续交换。

可以看出，第三次合作是前两次合作内容的进一步扩展，教师再次强调了人人都要感受合作的成果。

【第四次合作】

师：同学们，想不想知道自己1米要走几步？组长领着组员到一个空的地方，每人亲自走一走。

【第五次合作】

师：最后一次合作，老师想请每组同学剪一条1米长的绸带。这次不许用米尺，请每个小组的4个同学好好地估计，谨慎地动剪刀，我们要比一比，看哪个小组估计得最准确。

第四、第五次合作学习中，教师指出合作目标后，并没有对如何合作进行指导，但学生有序、规范地完成了合作任务。

以上五次合作学习，在教师精心组织下高效有序地完成了。表面上看，教师的指导提示语越来越简单，尤其是第四、第五次合作时教师基本没有进行指导，但合作学习的内涵却越来越深化，学生的合作能力也在逐渐加强，特别是第五次合作学习活动结束时，学生不用米尺裁剪的绸带竟然十分接近1米。看到学生的成果，学生以及听课教师都为此惊呼，全场报以热烈的掌声。

二、什么是有效的合作学习

"米的认识"何以成功？关键在于教师组织了有效的合作学习。关于合作学习，许多学者从不同角度进行了研究（如国外研究①，国内研究②等），提出了合作学习的若干要素或者特点，如：目标明确，科学建组，合理分工，积极互动，角色交换，教师适时介入，等等。已有研究深化了人们对合作学习的认识，为开展合作学习提供了指南和方向。但以上要素既非充分也非完全必要，正如同组异质可以有效，同组同质或者随机分组也可能有效一样。我们认为，一个有效的合作学习应该具有以下特点：

1. 合作学习的目标：合作目标、设计目标、课堂教学目标的有机统一

合作学习是目标导向的活动，是学生在共同学习目标下进行的有一定聚合力的学习活动。因此，目标明确是开展小组合作学习的前提，只有这样，才能有的放矢。但仅仅明确合作目标是不够的。

就合作学习而言，事实上涉及了三种目标：合作目标、设计目标、课堂教学目标。合作目标即我们通常说的合作学习的目标或者任务，如："用米尺测量小组中的 1 个人身上哪儿离地面 1 米高"等。显然，合作学习目标必须明确、具体、便于实施，包括：合作什么（如：1 米要走几步？），谁与谁合作（如：小组中的每个人），在哪儿合作（如：组长领着组员到一个空地方），等等。

设计目标主要指设计合作学习这一教学方式或学习方式的意图，即为什么要这样设计？其主体指向教师。也就是说，教师在设计合作学习时，应明确为何要设计合作学习，包括：是否一定要采取合作学习的方式？有何好处？是否有弊端？开展合作学

---

① Johnson D W, Johnson R T, Ortiz A., Stanne M. Impact of positive goal and resource interdependence on achievement, interaction and attitudes [J]. Journal of General Psychology, 1991, 118, 341-347.
Johnson D W, Johnson R T. Implementing Cooperative Learning [J]. Education Digest, 1993, 58(8): 62-66.
Veenman S, Kenter B, Post K. Cooperative Learning in Dutch Primary Classrooms [J]. Educational Studies, 2000, 26(3): 281-301.

② 王坦. 合作学习简论[J]. 中国教育学刊，2002(1).
王鉴. 合作学习的形式、实质与问题反思——关于合作学习的课堂志研究[J]. 课程・教材・教法，2004(8).
马红亮. 合作学习的内涵、要素和意义[J]. 外国教育研究，2003，30(5).
马兰. 合作学习的价值内涵[J]. 课程・教材・教法，2004(4).

习的目的是什么？为什么进行合作指导示范？等等。例如：针对低年级学生的年龄特征，第一次合作时，教师可以设计合作示范的教学内容。

课堂教学目标是指我们平时所说的学习活动、教学活动所预期达成的要求和标准，该目标指向一堂课。其中既包括学科学习目标，也包括合作技能学习目标。课堂教学目标是否达成，是衡量课堂教学是否有效的重要指标，因此，也成为评价合作学习是否有效的一条重要指标。所以合作学习目标、合作学习设计目标都应该围绕课堂教学目标而设计，要利于课堂教学目标的达成：目标明确的合作学习任务恰是学科学习的重要内容，设计意图明确的合作方法恰是需要学生掌握的合作技能。由此就可以避免设置合作学习的随意性，避免合作学习目标与教学目标的割裂。

就“米的认识”而言，课堂教学目标是：“根据初步形成的1米实际长短的表象，进行一些直观的判断与思考。”“在小组活动中，学会与他人合作，共同解决问题，并养成认真、细致的科学态度。”可见，认识“米”是课堂教学的重点，合作学习是理解“米”的重要的学习方式。围绕课堂教学目标，教师设计了五次小组合作活动，每次活动合作目标都很明确，学生能清楚了解合作的小组任务，逐步认识、理解“米”；同时，教师设计合作学习的意图是明确的、理性的，“合作活动不仅仅是形式，鉴于学生的年龄较小，合作经验不足，便适时地进行合作的指导与示范，故这里的合作是有序、有效的。同时，它又兼顾并重视过程中必不可少的个体体验与个体思考”[①]。通过五次合作学习，学科学习目标和合作技能学习目标都得以完成，进而达成了课堂教学目标。

可见，有效的合作学习是合作目标、设计目标、课堂教学目标的有机统一，由明确的合作目标、理性的设计目标，有效地达成课堂教学目标。

2. 合作学习的内容：学科知识与合作知识的融合，过程与结果的统一

现实教学中，有些教师给学生指明了合作学习的任务，但是课堂教学仍然出现秩序混乱、合作学习无效的现象。这说明，合作学习仅仅有明确的合作目标是不够的，还需要把握合作学习的内容，包括使学生掌握完成合作任务的方法、途径。

在“米的认识”教学中，需要学生认识、理解并掌握“1米有多长”。为了获得这一学科知识，教师在第一次合作时指出了合作方法“一个同学像张老师这样站直，第二个

① 张冬梅.“米”课堂教学预案[J].小学教学参考，2006(7—8).

同学……”；第二次合作时，教师又指出：“分工可以交换”等。这样，学生逐步体会并强化了合作规则，学会了如何合作。在第四、第五次合作时，教师已无需指导语，合作的规则方法已为学生所掌握，并内化为学生的自觉行为。

同时，为了使学生更好地掌握“1 米有多长”，教师在合作完成后有意识地强化合作学习的结果：贴完标签以后用眼睛仔细地打量 1 米的高度；用眼睛好好打量打量 1 米的长度……通过不断强化，学生已摆脱对米尺的依赖，对“米”已有清楚的感性认识，并在头脑中建构出了“1 米的长度”，学生的眼睛已成为无形的、精准的米尺。

可以说，通过五次合作学习，学生逐渐掌握了合作学习规则，并将之运用于完成各种合作任务，最终掌握了“1 米有多长”：不用米尺，精确地剪出了 1 米长的绸带。

这样的合作学习教学，使学生经历了合作的过程，掌握了合作的方法，而且在合作中理解并掌握了“1 米有多长”。如此教学，不仅避免了学生不知如何合作的混乱场面，也避免了仅仅形式上合作而没有合作结果的盲目情形。

由此表明，合作学习的方法技能不仅仅是学习学科知识的手段，也是课堂教学的内容和目标，即必须让学生经历合作的过程，在合作中学会合作的方法，获得合作技能，进而在合作中掌握学科知识。可见，有效的合作学习的内容，不仅有学科内容知识，还有实施合作学习的方法规则；不仅包括体验合作学习的过程，也包括经历合作学习获得的结果。在教师的指导下，学生在经历并掌握合作学习规则方法的同时，也要掌握学科内容知识。因此，有效的合作学习的内容是学科知识与合作知识的融合，是过程与结果的统一。

3. 合作学习的基础：充分了解学情，促成积极合作意愿

随着对合作学习认识的不断深入，许多教师已经考虑了合作目标、个人职责、角色扮演等合作要素的设计与实施，但是现实中仍然出现学生合作学习不积极、参与度不高、参与不均衡等问题。原因何在？从根本上看，合作目标、合作内容、小组和个人职责、合作技能等要素，其着眼点主要在于“怎么合作”，即教师如何组织合作学习的教学，而忽视了合作学习的重要主体——学生：学生是否具有积极合作的意愿？是否具备合作的能力？是否积累了合作的经验？学习风格不同的学生能否一起合作？等等。也就是说，仅仅知道如何合作还不够，教师还应充分了解学情，使学生形成积极的合作意愿，这是促成有效合作教学的基础。

在“米的认识”教学中，第一次合作时，由于小学生缺乏合作经验和方法，教师有意设置了小组合作示范活动，并在活动中适时进行指导。第二次合作时，教师在“已经有第一次合作经验”的基础上，要求学生再给出合作的具体要求，进一步规范并强化合作学习的基本规则。在其后的合作活动中，根据学生的实际情况，教师的指导逐渐减少乃至不再指导。

因此，在进行合作学习时，教师的合作指导与示范要建立在充分了解学情的基础上，包括学生对合作任务是否有充分的了解，是否掌握了合作规则，是否有合作的经验，是否熟悉合作的流程，等等。同时，还要了解学生的心理特征、学习风格，包括学生的年龄、学习动机、意志和气质等。

例如，就低年级学生的合作学习而言，其合作任务未必很复杂，主要是使学生掌握合作技能、学会合作，往往在教师指导、示范下展开；而对于高年级学生，合作学习任务可以是开放式的，任务的完成需要较为复杂的解题技巧。就学习风格而言，发散型学习风格的学生喜欢小组活动，而同化型学习风格的学生不太关注人际交往，教师就要根据学生实际情况，考虑是否需要实施合作学习、如何合理分组合理分工等问题。只有充分考虑学情，才可能通过合作学习，促进每一位学生的发展。

了解学情可以使教师因材施教，合理设计合作活动，这是教师为即将展开的合作学习所做的精心设计，但这只是教师的一厢情愿，合作学习的成功还需要学生有积极的学习态度，有迫切的合作学习意愿，这样才可能有较高的合作热情、积极的参与动力，避免被动参与、参与度不均衡、游离于合作共同体之外等现象。

因此，教师要创设利于合作学习开展的情境，使学生认识到合作学习的重要性，对合作学习产生认同感，进而使学生产生合作的心理倾向，使合作学习成为学生学习的自发行为，形成积极的合作意愿。

例如，“测量自己身上哪个部位离地面 1 米高”的活动，如果是学生独立完成，由于受到既要身体站直又要弯腰观察米尺等因素的影响，会使测得的数据不够精确，而且学生难以“眺望”并感性认识 1 米的高度。因此，在组织学生第一次合作“身上哪儿离地面 1 米高”时，我们可以提出问题“怎样才能更精确地测量出身上哪儿离地面 1 米高?”“是独立完成还是合作完成更好呢?”这时大多数学生会提出合作的愿望。这样的设计能够使学生更好地体会合作学习的必要性，合作学习就会成为学生的自愿行为，而不是执行教师布置的合作任务。

为此，教师应创设利于合作学习的情境，随时把握合作学习的时机。比如，“当学生的思路不开阔，需要相互启发的时候”，“当学生的意见出现较大分歧，需要共同探讨的时候”[①]，当“学生个人独立操作时间和条件不充足时”[②]，教师应在充分了解学情的基础上，满足学生合作学习的需要，促成积极的合作意愿，及时实施合作学习。

4. 合作学习的成果：认知与身份的共同发展

在“米的认识”教学中，从量身高、量手臂、量物体、量步法，到剪绸带，不仅每次合作目标十分明确，而且合作的对象不断扩大，使学生从多角度、多方位获得对 1 米的感性认识，感受生活中的数学；不仅让学生掌握了合作方法和技巧，使学生逐渐明确合作规则并内化为自觉合作行为，还不断强化合作的结果，使学生在头脑中最终建构出对米的认识；不仅在合作过程中注重合作方法的获得，还强调每位学生的亲自参与，在经历和体验合作学习的过程中，收获合作的经验，获得积极的情感体验。可以说，知识、技能与情感三维目标的达成正是“米的认识”得以成功的关键。

可见，合作学习的成果应是知识、方法与情感三维目标的有效达成：通过与同伴合作交流，不仅掌握了学科知识，掌握了合作的方法和技巧，还感受到了合作的必要性，体验了合作学习带来的乐趣，获得了合作学习的情感体验，增强了学习的自信心。

同时，我们还应看到，合作学习实际上是一种社会活动，学生在这一合作共同体中，获得了认知发展，同时也获得了一定的身份。

当代情境理论指出，“学习意味着成为另一个人。忽视了学习的这个方面就会忽略学习包括身份建构这个事实”[③]。这表明，合作学习的成果不仅包括学生认知水平的发展与提高，还包括学生在合作共同体中身份的形成与发展。

身份的变化与认知水平的发展密切相关。郑毓信、张晓贵指出了学生通过课堂学习所实现的身份变化[④]：“沉默与接受知识”阶段：学习主要表现为对他人所授予的知

① 左昌伦. 促进学生有效地合作学习[J]. 中国教育学刊，2003(6).
② 张春莉. 数学课中小组合作学习的若干问题研究[J]. 教育理论与实践，2002(1).
③ 莱夫，温格. 情景学习理论：合法的边缘参与[M]. 王文静，译. 上海：华东师范大学出版社，2004：17.
④ 郑毓信，张晓贵. 学习共同体与课堂中的权力关系[J]. 全球教育展望，2006，35(3).

识的被动接受；“主观的知识”阶段：学习仍然表现为对他人所授予的知识的被动接受，但学习者已经表现出对他人知识和权威的一定抵制，并更愿意相信自己的直觉；“程序的知识”阶段：学习者已不再为他人所压制，不再把他人看成无可怀疑的权威，并能按照一定标准对相关知识的可靠性作出检验；“建构的知识”阶段：学习者已成为真正自治的认识者。

身份的变化在“米的认识”教学中已有体现，如：教师要求学生随意测量物体，一小组成员在测量黑板宽度约1米后，根据自己的喜好和认识，自主测量了两个人的身高及黑板的长，并提出了自己的观点：我的身高是1米多，黑板长大概2米，拓展了对“1米”的认识。这表明，学生在合作学习中已从“沉默与接受知识”阶段过渡到了“主观的知识”阶段，正朝着真正自治的认识者前进。

可见，有效的合作学习是通过合作目标的设定、合作内容的明晰、合作基础的实现、促成三维目标达成的学习；同时还是学习者由“不自觉的学习者”逐步转化成“自觉的学习者”的过程。

因此，有效合作学习的成果是学生认知与身份的共同发展，一方面，通过合作学习，学会合作，学会学习，达成三维目标；另一方面，通过与合作共同体不同成员（既有学生，也有教师）之间的积极互动，逐渐由“不自觉的学习者”（新手学习者）转化成“自觉的学习者”（成熟的学习者）。有效的合作学习，就是学生认知水平提高、身份得以发展的学习。

5.3.2　实施有效合作学习教学

以上对有效合作学习的探讨，一定程度上表明了实施有效合作学习的教学策略。下面我们将从另一角度，进一步探讨实施有效合作学习的途径。

《全日制义务教育数学课程标准（实验稿）》在教学建议中指出，针对不同的教学内容，可采用不同的学习方式，鼓励学生积极参与，帮助学生在参与的过程中产生内心的体验和创造。例如，可以采用在教师指导下，让学生去收集资料、调查研究、探究学习的方式；可以在上课之前由教师提供一些配合教材的阅读材料和思考题，在课堂上采用教师讲解和小组讨论、全班交流相结合的方式，课后采用写读书报告、撰写论文等的学习方式；还可以采用在教师引导下自主探究与合作交流相结合的学习方式，等等。

只有这样，才能使学生体验数学发现和创造的历程，对知识有更加深刻的认识和理解，使每个学生都能从中得到各自发展所需要的东西，学会数学的思考方式和学习方式，同时提高学生的探索能力、创造能力和创新意识。

在此意义下，我们更应该思考的问题是：

1. 合作什么

任何学习方式都有自己的特点和优劣。就合作学习而言，必须要明确开展合作学习的内容。在制定合作学习内容的选择标准时，应该关注两个方面：一是从合作学习的本身特点出发；二是要根据国家的教育目标和教育针。在此意义下，采用合作学习进行数学学习的教学内容，其三维目标制定应该考虑以下内容：

(1) 知识与技能：

a. 合作学习的内容选择是否有利于达到预定的教学目标；

b. 合作学习的内容选择是否有利于学生在实践中的综合运用；

c. 合作学习的内容选择是否能促进学生分析、归纳、整理，发现有价值的信息；

d. 合作学习的内容选择是否能提高学生收集信息和处理信息的能力。

(2) 过程与方法：

a. 合作学习的内容选择是否有利于学生发现问题、提出问题；

b. 合作学习的内容选择是否有利于学生分析问题、提出解决方案；

c. 合作学习的内容选择是否有利于发展学生的创新能力；

d. 合作学习的内容选择是否有利于学生对合作的评价、反思。

(3) 情感态度：

a. 合作学习的内容选择是否符合学生的身心发展特点；

b. 合作学习的内容选择是否有利于学生自尊心、自信心的培养；

c. 合作学习的内容选择是否有利于学生养成对集体的责任心；

d. 合作学习的内容选择是否有利于积极参与合作学习体验学习的快乐；

e. 合作学习的内容选择是否有利于学生学会尊重和欣赏别人。

2. 何时合作

合作学习是重要的学习方式，但不是随时随地随便开展的。需要有恰当的教学时机。一般来说，可以在学生认知遇到困难或独立无法完成或意见不集中等情形下开展合作学习，这样，学生会有更加迫切的需要。

3. 教师的角色

在介绍新材料或提出供小组讨论或调查的问题、任务时，教师充当的是组织者和引导者的作用。在小组开展合作与交流的时候，教师的角色又变为一个促进者和合作者，有时也根据学习任务的难度和学生的实际情况充当指导者。在指导全班学生共同完成对新知识的总结、提炼与应用时，教师更多的是作为一个指导者，也是倾听者。教师需要倾听学生的汇报，给出及时的反馈和意见，回答学生提出的问题，概括和提炼学生已发现的结论，提供学生应用新知识的情境，等等。

4. 开展合作学习的教学案例①

在“空间与图形”领域，学生将认识简单几何体和平面图形，感受平移、旋转、对称现象，学习描述物体相对位置的一些方法，进行简单的测量活动，建立初步的空间观念。由于低年级学生的思维特点属于形象、直观阶段，这部分内容注重学生已有的生活经验，更注重引导他们到生活中去观察、操作。因此，运用小组合作学习的方法是获取简单几何体和平面图形直观经验的有效途径。“从不同的位置观察物体”这部分内容，更加适合进行小组合作学习。以下就是该节课的教学设计案例。

【教学目标】

1. 正确辨别从不同位置观察简单物体的形状；

2. 知道在不同位置上，观察到的物体的形状是不同的；

3. 借助动手操作，发展学生的空间观念和同伴合作意识；

4. 联系生活实际，使学生体会到数学知识来源于生活。

【教具准备】

每个面都涂有不同颜色的正方体。

【教学过程】

以小组合作为主。

一、故事激趣

讲“盲人摸象”的故事。

① 本案例由张家港常青藤中学何睦老师提供.

师：听了故事，你想说点什么？

二、小组合作，探究新知

1. 教师拿出正方体让学生观察。

2. 在小组内互相说一说：你看到的正方体是什么样的？

3. 小组汇报：请代表汇报你们小组看到的是什么？

4. 讨论：为什么看到的物体不同？

小结：在不同位置上观察到的物体形状是不一样的。

三、组织游戏，分组观察

1. 小组观察

学生拿出一种自带的物体在自己的位置进行观察。

师：说一说，你看到的物体是什么样子的？你看到的是物体的哪一面？

2. 换位观察

每组同学按照顺时针的方向走到本组的下一张位子上，继续观察。

你现在看到的物体的形状和刚才一样吗？你现在看到了物体的哪一面？

讨论：为什么大家现在看到的和刚才不一样呢？这是怎么回事？

3. 自由观察

学生自主选择喜爱的位置去观察。

4. 全面观察

拿自己带的物体，分别观察它的正面、背面、侧面。

5. 活动小结

通过几次观察，你想说一说感受吗？

师：从不同位置观察物体，看到的物体形状是不一样的。要想全面认识一个物体，必须从不同位置去进行观察。你学会了吗？

四、联系实际，学以致用

1. 课件展示课本图、恐龙图、汽车图。

2. 出示实物、杯子，让学生观察后画下来。

五、课堂总结，课外延伸

今天我们学会了从不同位置观察物体，回家后，选择一件你喜欢的物体，把从不同位置看到的形状画下来，下节课把自己的作品展示给大家。

5.4 数学思想方法隐性教学的理性实施①

无论是数学思想方法的隐性教学还是数学思想方法的显性教学，目前的教学现状都或多或少地体现了课程改革的新理念，但我们同时也看到了很多不足。就数学思想方法的隐性教学而言，数学课堂教学中重视数学知识教学、忽视数学思想方法教学的问题尤为突出，实施有效的数学思想方法隐性教学，在深化课程改革的今天，显得极为重要。

5.4.1 在教材中挖掘思想方法

我们知道，数学思想方法是在前人探索数学真理的过程中逐渐形成的，但是当前的数学教材的编排体系并没有反映出这种探索过程。中小学生使用的数学教材不同于一般的参考资料或者其他一些课外读物，它是结合学生的认知规律，按照学科的系统性，并且以简练的语言编排数学知识的。我们从数学教材中能够看到数学知识的结构，但是探索数学知识的思维过程已经被压缩，呈现在学生面前的往往是数学思维的结果，学生看不到数学思维活动的过程，因而，数学知识中蕴含的数学思想方法更是难以体现。因此，教师要深入钻研教材，准确理解教材，驾驭教材，挖掘数学知识中蕴含的数学思想方法，在知识教学中渗透数学思想方法。

这也就意味着，教师在进行备课时，除了确定教学目标、重点与难点，把握数学知识在教材中的地位与作用之外，还要挖掘数学知识中蕴含的数学思想方法，找出数学知识与数学思想方法结合的交叉点。例如：在进行等差数列与等比数列通项公式推导教学时，教师要能揭示出“归纳法、迭加法（迭乘法）、方程法、倒序相加法（错位相减法）”，相应地体现了“数形结合思想、方程思想、函数思想、转化与变换思想”，建立等差数列与等比数列通项公式推导过程之间的联系，从而把握特殊数列的通项公式精神所在。又如：在进行立体几何教学时，教师要认识到以下两点：①将一些空间图形的问

① 本部分由江苏师范大学硕士研究生束艳主笔.

题转化成平面图形的问题去解决；②利用空间图形与平面图形相似关系，类比地由平面图形的性质去探求空间图形的有关性质，寻找更好的解题途径，这样才能让学生真正体会立体几何的精神与灵魂。

当然，不同的数学知识中往往也蕴含着同一种数学思想方法，从中学课程的数学来看，常见的数学思想方法有：符号与对应的数学思想方法、整体与分类的数学思想方法、方程与函数的数学思想方法、公理与演绎的数学思想方法、转化与变换的数学思想方法。比如说，借助诱导公式，我们可以将任意角的三角函数转化为锐角的三角函数来求；函数 $y=A\sin(\omega x+\varphi)$ 的图象可以由函数 $y=\sin x$ 的图象经过一系列的变换得到，从而将 $y=A\sin(\omega x+\varphi)$ 问题转化为 $y=\sin x$ 问题来研究。事实上，代数、三角问题中的大量等价与不等价的变形，数形之间的转换，几何图形的变换，都有转化与变换的数学思想方法的体现。

作为数学教师，不仅要使学生掌握书本上看得见的思维结果，更要让学生参与那些课本上看不见的思维活动过程。正如苏步青教授所言："看书要看到底，书要看透，要看到书背面的东西。"因此，教师要充分利用自己储备的数学能量，通过教材，使自己先受到启发，把教材的思想内化为自己实实在在的思想，让自己从书本中精炼的定义、定理以及公式等的背后，看到数学本身原来丰满的面容，找准新知识的生长点，弄清数学知识中蕴含的数学思想方法。

5.4.2　在过程中彰显思想方法

《普通高中数学课程标准(实验稿)》指出，在进行概念教学时，应当让学生了解概念、结论等产生的背景、应用，理解基本的数学概念、数学结论的本质，"体会其中所蕴涵的数学思想和方法，以及它们在后续学习中的作用，通过不同形式的自主学习、探究活动，体验数学发现和创造的历程"①。这表明，渗透数学思想方法不能直接将思想方法告知学生，而应向学生提供丰富的、典型的、正确的背景材料，让学生在教师的指导下，对感性材料进行分析、综合、比较、分类、抽象、概括、系统化、具体化，从而在数学知识的学习过程中体会数学思想方法，在掌握知识的同时，领会数学思想方法。

---

① 中华人民共和国教育部. 普通高中数学课程标准(实验)[S]. 北京：人民教育出版社，2003：11.

有些数学概念本身就蕴含着某种数学思想方法，例如：数的绝对值(非负数的绝对值是它本身，负数的绝对值是它的相反数)和数的平方根(正数的平方根有两个，它们互为相反数，零的平方根是零，负数没有平方根)的概念中都蕴含着分类思想。又如：立体几何中，面与面所成角、线与面所成角、两异面直线所成角都是转化为平面几何中线与线所成角来给出定义的。在进行这些内容的教学时，要把概念本身所蕴含的数学思想方法渗透给学生，而不是直接告知学生结果，学生是获得数学概念(包括其中所蕴含的数学思想方法)的主体。

对于规律(定理、公式、法则等)，教师也应当向学生渗透其中蕴含的数学思想方法，不要过早地给结论，要弄清抽象、概括或证明的过程，充分地向学生展现自己是怎样思考的。我们从苏教版数学必修 5 的教材中知道，正弦定理可以通过以下途径来证明：①转化为直角三角形中的边角关系；②建立直角坐标系，利用三角函数的定义；③通过三角形的外接圆，将任意三角形问题转化为直角三角形问题；④利用向量的投影或向量的数量积(产生三角函数)。很多人会认为，在考试的时候根本不会考正弦定理的证明，证明过程可讲可不讲。事实并非如此，正弦定理的证明会给余弦定理的推导带来很大的促进作用。事实上，我们所学的很多几何定理的证明都是通过转化得到的，常常借助添加辅助线，然而教师往往会提示如何作辅助线，却忽视了分析的重点应该是添辅助线的探索和思考过程，这往往就是学生碰到几何推理或者证明题不知如何下手的关键原因。又如：等比数列的前 n 项和公式 $S_n=\begin{cases} na_1, & q=1 \\ \dfrac{a_1(1-q^n)}{1-q}, & q\neq 1 \end{cases}$，推导过程蕴含着分类、转化思想和错位相减法的求和方法，这些数学思想方法都是解题的重要武器，那么，讲授等比数列的前 n 项和公式一课时，到底是直接告知学生公式还是引导学生去推导出公式呢？当然，推导等比数列前 n 项和公式时要联系等差数列前 n 项和公式的推导过程，让学生建立等差数列与等比数列前 n 项和公式以及推导过程的区别与联系。

总之，在教学过程的每一个环节中，教师都要有意识地引导，抓住传播数学思想方法的每一个机会，关注每一位学生的发展，通过这样的长期训练和培养，学生才能逐渐步入数学思想方法的自由王国。

5.4.3　在反思中强化思想方法

综观中小学的数学教学，每堂课离不开课堂小结，每个阶段都离不开单元复习，那么，小结什么？复习什么？不仅仅要总结（复习）本堂课（阶段）学习的数学知识，还要对这堂课或者这一阶段所学数学知识中蕴含的数学思想方法进行小结和复习。如：在进行勾股定理教学时，不仅要总结本堂课学习的勾股定理内容，而且要强调其中蕴含的数学思想方法，否则学生就只记得 $a^2+b^2=c^2$，而忽视勾股定理中所蕴含的数学思想方法。又如：通过对立体几何内容的复习，可对其转化的数学思想方法进行整理和小结：①把三维问题转化为二维问题，又可进一步转化为一维问题来解决；②通过分割或者补充，可将一般图形转化为特殊图形；③把几何问题转化为三角、代数问题，进一步明确立体几何转化的数学思想方法。

G.波利亚曾指出："中学数学教学的首要任务就是加强解题训练"①，然而他所倡导的"解题"完全不同于人们常说的"题海战术"，"怎样解题"不只是"题海战术"的纲领。几乎每一堂数学课都有解题，解题是对数学知识的一种反思活动，在此基础上总结归纳出数学思想方法，这也就意味着，解题更多的是对数学思想方法的应用。

事实上，数学思想方法的应用是极其广泛的，在各省市中考题、高考题中都有体现，比如2011年江苏高考数学试卷中有这样一道题："已知 a，b 是实数，函数 $f(x)=x^3+ax$，$g(x)=x^2+bx$，$f'(x)$ 和 $g'(x)$ 是 $f(x)$，$g(x)$ 的导函数，若 $f'(x)g'(x)\geqslant 0$ 在区间 I 上恒成立，则称 $f(x)$ 和 $g(x)$ 在区间 I 上单调性一致。(1)设 $a>0$，若函数 $f(x)$ 和 $g(x)$ 在区间 $[-1,+\infty)$ 上单调性一致，求实数 b 的取值范围；(2)设 $a<0$，且 $a\neq b$，若函数 $f(x)$ 和 $g(x)$ 在以 a，b 为端点的开区间上单调性一致，求 $|a-b|$ 的最大值。"此题属于高考题中的压轴题，考查了灵活运用数形结合、分类讨论的数学思想方法进行探索、分析与解决问题的综合能力，没有平时的积累，要在高考短暂的时间内顺利完成此题并不容易。

因此，我们认为，不管是在数学知识的例题教学还是在习题课的教学中，教师都要善于通过选择典型例题进行解题示范，并且在解题过程中善于引导学生开展反思活

---

① G.波利亚.怎样解题[M].阎育苏，译.北京：科学出版社，1982.

动，尤其要加强对数学思想方法的总结，揭示隐性思想方法，并及时应用以达到强化训练的目的，突出数学思想方法对解题的重要指导作用。

5.5 数学思想方法显性教学的理性实施

数学活动论表明，数学思想方法是数学活动的重要组成成分，是学生数学学习的重要内容，数学的教与学离不开数学思想方法的直接教学。因此，本节将在数学活动论的意义下，针对目前实际的数学思想方法显性教学现状，探讨数学思想方法显性教学的策略。

5.5.1 基于本源确定重点

新课程改革之后，教材中新增的内容可以看成是数学思想方法的显性教学。然而，目前的实际教学呈现给我们的是，教师并没有认识到要把这些内容当成数学思想方法来教，而是仍然将它们当成数学知识直接告知学生，结果便导致教师把握不准教学重点。“数学方法起源于实践活动，它是伴随数学问题的解决而产生的。”① 它是“人们解决数学问题的步骤、程序和格式，是实施有关数学思想的技术手段”②。可见，数学思想方法是用于解决问题的。因此，教数学思想方法的本质在于理解数学思想方法，运用数学思想方法解决问题，其教学的最终目的还是为了解决问题。

那么，如何把握数学思想方法显性教学的教学重点呢?

首先，教师需要具备丰富的数学底蕴，从心里认识到要将其当成数学思想方法来教，可以借助相关数学史料，把握数学思想方法的本源，即它是伴随什么问题产生的?并在此基础上认识到教材安排这些内容是必需的，对其进行教学有一定的迫切性。苏教版数学选修 1－2 的教材中借助华罗庚教授曾经举过的一个例子，引出探索活动是一个不断提出猜想—验证猜想—再提出猜想—再验证猜想的过程，进而编排了“合情推理与演绎推理”一节，这就说明学习“合情推理与演绎推理”是必需的。那么，学习这

---

① 王亚辉. 数学方法论——问题解决的理论[M]. 北京：北京大学出版社，2007：3.

② “MA”课题组.“发展学生数学思想，提高学生数学素养”教学实验研究报告[J]. 课程·教材·教法，1997(8).

一节，我们仅仅为了掌握“合情推理与演绎推理”是什么吗？G. 波利亚曾经说过：“创造过程是一个艰苦曲折的过程。数学家创造性的工作是论证推理，即证明。但这个证明是通过合情推理、通过猜想而发现的。”可见，“合情推理与演绎推理”的学习还是为了去证明更多的猜想，让猜想成为真理。

其次，数学思想方法的显性教学应让学生自己去发现数学思想方法，在解决相关问题的过程中经历、体验数学思想方法，并对问题以及数学思想方法进行深入思考，让学生主动建构起数学思想方法与问题之间的桥梁，进而能够运用数学思想方法去解决问题，如果只是直接将数学思想方法内容告知学生，则没有任何意义。我们都知道，苏科版七年级数学教材中编排了“从问题到方程”，目的在于通过探索具体问题中的数量关系和变化规律，并用方程进行描述，让学生初步体验方程是刻画现实世界的一种有效模型。只有让学生亲自经历、体验这个探索过程，才能进一步培养学生观察、思考、分析、解决问题的能力，这样还有助于激发七年级学生学习数学的兴趣，感受数学与生活的紧密联系，体会数学的价值。

因此，教师在进行数学思想方法的显性教学时，要认识到其教学的最终目的是解决相关问题。为了能够更好地确定数学思想方法显性教学的教学重点，需要把握数学思想方法的本源。

5.5.2　基于过程实现多元

数学思想方法显性教学要实现多元化，并在此基础上对其进行优化，只有通过注重数学思想方法的教学过程来实现。

数学方法论告诉我们：“数学课要讲活、讲懂、讲深。”[①] 从此角度来分析数学思想方法显性教学，我们可以深刻地理解其中的“讲深”。“讲深”即要让学生领会数学思想方法。在实际的数学思想方法显性教学过程中，在动手操作、分组合作的同时，教师应该让更多学生从不同的角度表达自己的想法，或者认真倾听其他同学的想法，让不同学生的不同想法完全呈现在学生面前，从而使学生从内心深处感受数学思想方法。而不是像“用一一列举的策略解决问题”一课所呈现的那样，学生前后采用的一一列举的

① 郑毓信. 数学方法论[M]. 南宁：广西教育出版社，1991.

方式仍然一样。那么，在此基础上，教师要引导学生分析、比较班级同学所展示数学思想方法的特点，通过比较，学生才能真正体验到数学思想方法的多样性。

另外值得关注的是，数学思想方法显性教学的教学过程需关注学生的发展。每个学生的学习情况、领悟能力不一样，教师要在保证所有学生掌握数学思想方法的前提下，让不同的学生得到不同的发展。学习能力强的学生可能会迅速掌握数学思想方法，对此，教师可以引导他们在此基础上进行优化应用。学习或者了解过数学归纳法的人都清楚，数学归纳法可以证明很多数列题，并且在使用时几乎无需动脑筋。

例如，2012 重庆数学高考有这样一道题：

设数列 $\{a_n\}$ 的前 n 项和 S_n 满足 $S_{n+1}=a_2S_n+a_1$，其中 $a_2\neq 0$。求证：$\{a_n\}$ 是首项为 1 的等比数列。

这道题可以用等比数列的定义直接证明，也可以借助数学归纳法证明，而且数学归纳法的使用难度很小，直接证明思考起来则有点难度。数学归纳法在很多情况下发挥了它的优势，但是，并不是所有的场合都适合用数学归纳法，如下面这道题就不必用数学归纳法进行证明：

证明不等式：$\frac{1}{1\times 2}+\frac{1}{2\times 3}+\frac{1}{3\times 4}+\cdots+\frac{1}{n\times(n+1)}<1-\frac{1}{n+3}$

因此，教师应该引导学生对数学思想方法进行思考，让学生真正领会到优化的数学思想方法是必需的，从而找出相对优化的数学思想方法去解决问题。数学思想方法的多元化、优化不是由教师规定的，而应该由学生自己领悟得到。

5.5.3 基于应用力求创新

数学方法分类的层次之一是"数学发展和创新的方法"①，可见，谈数学思想方法是离不开创新的。然而，目前数学思想方法显性教学呈现给我们的更多的是机械模仿，照搬策略，缺乏对解决问题策略的思考，容易形成思维定势。创新的起始阶段可以是模仿，但是如果一直停留在原来的水平上模仿，并不能够达到创新的目的。

教师在教学生用数学思想方法去解决问题的过程中，应该引导学生积极主动地思

① 徐利治. 数学方法论选讲[M]. 武汉：华中理工大学出版社，1988.

考数学思想方法的特点，比较不同数学思想方法的差异，对问题形成自己独特的理解。这样，学生才能得到充分的发挥，才能够进一步灵活运用数学思想方法去解决问题，数学思想方法的灵活运用才可谓是学生生成创新意识的生长点，进而为创新精神的培养提供可能。我们知道，高中教材中新增加了“合情推理与演绎推理”，其中合情推理又包括归纳推理与类比推理，这两种重要的合情推理模式体现着不同的数学思维。通观以往的高考数学试题，我们发现，对归纳推理与类比推理的考察均有所体现。因此，在学习“合情推理”一课时，我们要比较归纳推理与类比推理的差异性，形成自己的独特理解。因而，在解决相关问题时，我们不仅要有应用归纳推理与类比推理的意识，还要有合理选择归纳推理与类比推理的意识。

汤慧龙曾经指出，“数学创新的另一个层面是解题方法的创新”[①]，因此，数学思想方法显性教学也要实现数学思想方法本身的创新。这就需要教师在进行数学思想方法显性教学的过程中尊重学生的个性，给学生充分发挥和思考的时间，允许学生尝试用不同的数学思想方法去解决问题，寻求自己对问题以及数学思想方法的理解。正如我们之前所考查的一道题：“学校栽了一些盆花。如果每个教室放 3 盆，可以放 24 个教室。如果每个教室放 4 盆，可以放多少个教室？”我们可以允许学生选择直接列算式计算或者列表来解答，甚至可以允许大脑较灵活的学生直接报出结果。教师在进行“用列表的策略解决问题”教学时，可以选择这道题作为练习题，但是，千万不要限制学生用什么方法去解决，否则，会打击学生的自信心，甚至会泯灭学生的创造性。

可见，数学思想方法显性教学要培养学生的创新精神，关键在于尊重学生的个性，让学生灵活学习数学思想方法，灵活应用，力求实现数学思想方法应用以及数学思想方法本身的创新。

5.6　数学语言教学的理性实施[②]

关于数学语言，A. A. 斯托利亚尔指出，数学语言是按下列不同的方向改进自然语

---

① 汤慧龙. 关于数学创新性教育的另一种思考[J]. 数学教育学报，2011(3).

② 本部分由江苏师范大学硕士研究生高银主笔.

言的结果：按简化自然语言的方向；按克服自然语言中含糊不清的毛病的方向；按扩充它的表达范围的方向。数学不仅是事实和方法的总和，而且是用来描述各门科学和实际活动领域的事实和方法的语言。[①] 那么，怎样的语言教学才是有效的数学语言教学呢？合作学习是培养学生数学语言素养的重要学习方式，合作学习的理性实施有助于数学语言素养的提高。除此以外，结合前面的教学现实分析，我们认为，有效的数学语言教学，离不开多维的交流对象和规范的语言表达，离不开深入的语言分析和实质性的阅读思考，离不开各类语言的有机联合和深层转化。

5.6.1 交流对象的多维化与数学语言的规范化

现代数学哲学认为，数学是模式的科学，它是由命题、语言、方法、问题等方面组成的一个多元的复合体。而所谓的语言是对数学的概念和符号的统称，“数学有自身的语言体系，主要包括符号语言、图形语言、数学化的自然语言，具有自己的符号语言是数学的一个重要特征。数学用符号来表示概念，用符号来表达所考察对象之间的关系，用符号运算来进行逻辑推理”[②]。事实上，不少数学教育家认为，对于某些语言的很好掌握即可被看作数学水平提高的主要标志——“代数语言的掌握标志着由小学到中学的发展；极限语言的掌握则标志着由常量数学上升到变量数学的水平”[③]。

诚然，处于课堂教学主体地位的学生，他们之间的交流在课堂教学中具有极为重要的地位，而班级授课的模式也决定了在任何一节课中，教师不可能与每一学生都进行深刻的交流互动。因而，数学语言能力的提高仍然依赖于生生之间的有效交流。另外，数学语言本身所具有的特点也决定了单独的生生交流不足以实现数学语言素养的提高。因而，以生生交流为主，以教师的督促参与为保证的多维的数学语言交流形式才是数学课堂教学中有效语言教学的实施途径。

就教师而言，在课堂教学中，教师居于主导的地位，相对于大多数学生对所学知识的懵懂的状态，教师应该起到提纲挈领的作用。就数学语言能力而言，教师具有较高的语言能力水平，居于课堂学习共同体的核心位置。因而，教师应该根据学生数学思

① A. A. 斯托利亚尔. 数学教育学[M]. 丁尔陞等，译. 北京：人民教育出版社，1984：221.
② 吴晓红，周明儒，苗正科. 地方师范院校文科大学生数学素养的现状及提高[J]. 数学教育学报，2011(4).
③ 郑毓信. 数学教育哲学[M]. 成都：四川教育出版社，2001：45.

维水平等学情，从对数学对象本质把握的不同的程度要求出发，对学生的数学语言能力进行规范提高，使学生掌握更高一级的数学语言能力。

基于以上认识，为了保证多维的交流对象和规范的语言表达，就 4.3.1 中的教学实例来说，我们可以做如下改进：

首先，在学生之间讨论交流解决探究学习的过程中，教师可以在各组之间来回巡视，督促学生就问题的解答思路展开讨论交流，引导有疑惑的学生准确地表达出自己疑惑的具体出处，进而引导掌握求法的学生将自己思考的路径和方法表述出来，使问的人问得清楚，答的人答得明了。其次，在后续交流答案、验证结果的时候，引导学生对展示者的做法进行质疑、诘问，在不断的疑问、解答、辩论之中解决相关的重点难点，提高学生的数学语言水平。

5.6.2　语言分析的深入化与阅读思考的实质化

A. A. 斯托利亚尔指出，在数学语言所表示的形式中，可以填进各种内容。而这些形式又是从个别的、具体的内容中抽象出来的，只保留那些共同的东西，这些东西不只是关于个别事物或关系的，而是关于整个这类事物或关系的。变元的使用是数学语言和自然语言之间的本质区别，各种变元的使用使得数学语言能够很好地表示一般规律。[①] 而这些变元的使用正依赖于数学语言分析与数学阅读能力的提高。

弓爱芳指出，“数学阅读是一种从书面数学语言中获得意义的心理活动过程，是包含感知、理解、记忆等一系列心理活动以及分析、综合、推理、判断、归纳、演绎等一系列思维活动的总和。同时，数学阅读也是一种学习策略，包括建立目标、选择策略、监控过程等，即数学阅读也是一种元认知活动”[②]。

数学阅读中语言转换频繁，要求思维灵活。任何一个具体的数学情境往往都是由文字语言、图形语言以及符号语言交织在一起的，学生的数学阅读的重心在于理解领会各类语言之间的关联，将阅读到的信息内容转化为更易接受的语言形式，包括用学生自己的语言简述问题，将文字语言和图形语言转化为符号语言进行分析处理，将符

---

① A. A. 斯托利亚尔. 数学教育学[M]. 丁尔陞等，译. 北京：人民教育出版社，1984：223.
② 弓爱芳. 数学阅读及数学阅读能力培养的研究[D]. 武汉：华中师范大学，2006.

号语言转化为具体的文字语言和图形语言进行分析、理解，建立属于自己的认知图示。

因而，有效的数学语言教学，需要深入的语言分析与实质化的阅读思考。在此意义下，在数学教学中教师需要注意以下方面：首先，教师可以切实加入到学生的数学阅读过程中，对题目所提供的条件进行归纳分类。其次，教师需要将生活情境中所蕴含的文字语言和符号语言抽象为符号语言。再次，教师应该引导学生按照题目要求寻求可以运用的数学范式，进而选取适合的数学范式对问题进行求解。最后，在解决问题之后需要对求解的过程进行必要的总结，将这样的一个语言分析和数学阅读的过程内化为学生自己的认知图示。

5.6.3 各类语言的联合化与语言转化的深化

A. A. 斯托利亚尔指出，“数学语言与自然语言都有两个方面：语义的和句法的。数学语言的语义研究语言的构成和它所表示的对象之间的关系，它从其表达的实际内容的含义这一观点来考察语言。数学语言的句法考察这个语言的结构、内部构造，而不管它表达的含义，不管在语言以外的实际情况中它们表示什么”①。而数学语言的语义和句法就表现在文字语言、图形语言以及符号语言这三种数学语言之间的关系和联系之上。在实际的教学过程中，三种语言的联合使用和深层转化是学生对数学对象准确认识的基本保障。

事实上，课堂教学中关于数学语言教学的很多问题主要源于对文字语言、图形语言与符号语言之间相互转化的重视程度不够，很多时候这种转化被教师认为是理所当然的，不需要对学生进行深入解释。而这就造成了数学语言学习中语义处理和句法处理之间的配合不当，造成了数学语言形式与内容的脱节，而这种脱节，实质上就是数学语言的符号和公式与它们所表示的东西脱节。语言间转化的不足导致了学生对语义的注意不够，而学生在后续的独立完成将实际问题翻译成为数学语言的时候就会产生很大的困难。同样，语言间转化的不足也造成了学生对数学语言的句法掌握程度的不足。在读数学表达式(因为不知道这些表达式的结构)，或者进行数学式子的变换的时候，学生所犯错误就证明了这一点。

---

① A. A. 斯托利亚尔. 数学教育学[M]. 丁尔陞等，译. 北京：人民教育出版社，1984：223—224.

加强文字语言、图形语言与符号语言的相互转化，使学生了解符号语言组成的句法结构，理解其所表达的语义内涵，才能使学生了解名字和变元的概念。在实际的教学过程中，我们不仅要关注文字语言和图形语言这样的直观语言，还要对其所隐含的符号语言进行分析阐述，只有这样，才能从更高层次对问题进行阐述分析。同样，我们更需要努力揭示符号语言所表达的文字语言与图形语言，使符号语言更好地服务于实际的问题解决。

基于以上认识，就4.3.2中的教学实例来说，我们可以做下面的改进：首先在用多项式乘法法则对乘法公式进行证明之后，教师可以将问题重新拉回到正方形面积计算的图形表示之中，对公式中几个部分表示的相应位置作出解释，使学生对公式进行更为直观的认知。其次，在学生例题中并未使用公式进行运算的实际情况作出及时的反应，指出公式与多项式乘法法则之间的联系与区别，引导学生运用公式进行计算。再次，在公式另一种形式——减形式的得出过程中，引导学生通过构建正方形的面积的求解来对公式作出直观的说明，加强几种语言之间相互转化的能力。最后，在公式的两种形式得出之后，可以引导学生就公式的特点进行形象具体的文字语言的概括，比如用“首平方，尾平方，2倍乘积在中央；若是和时加2倍，若是差时减中央”这样的记忆口诀来帮助记忆。

第6章　数学素养培养的优秀教学案例

数学素养是国际数学教育研究的热点问题，提高学生的数学素养是世界各国数学教育改革的共同追求，也是我国数学课程改革的基本目标。开展数学素养的理论建构和实践研究，具有重要的理论价值和现实意义。本研究即是在此方向上开展的积极探讨。

特别需要说明的是，数学素养的提高是一个系统工程，只注重或者突出强调对数学素养某个方面的培养，是"恶"的表现。因此，实施数学教学的过程中应避免数学教学简单化、极端化的做法。以合作学习的实施为例。合作学习是新课程所倡导的重要学习方式，在数学教学中，教师往往首先思考：在数学课堂教学设计中应该重视如何设计合作任务，如何指导开展合作。实际上，我们更应该首先思考：是否需要合作？为何合作？谁与谁合作？何时合作等诸多核心问题，在此基础上开展合作学习，才是对合作学习的理性实施，才是数学学习"善"的表现。

同时，本文对数学素养构成要素的分析，不仅仅是为了更加深刻地认识数学素养，对数学素养不同要素教学的探讨，也是为了更深入地理解数学素养培养的不同路径。实际上，数学素养是学生整体素质的体现，数学素养的培养是不同要素在课堂教学中的综合体现，更一般地说，数学素养的培养是一个系统工程，有效的数学课堂教学有助于学生数学素养不同要素的提高。

为此，在探讨了提升数学素养不同要素的教学对策的基础上，我们给出一节特级教师的教学示范课，以此说明数学素养培养的整体性。这样，通过第五章提升数学素养不同要素的教学探讨，再结合本章数学素养培养的优秀教学案例，能够更好地体现数学素养培养的系统性以及针对性。

6.1　案例的选取

数学课有不同课型，依据不同标准，可以有不同分类。按照基本的教学目的和任务，数学课可分为：新授课、习题课、复习课、测验课、讲评课、讨论课、实验课、综合课、活动课等。季素月等在《数学典型课示例》中指出，在数学教学中，新授课、习题课、复习课、课外活动课是最基本、最重要的课型，并将它们称为典型课。

随着 2001 年《全日制义务教育数学课程标准(实验稿)》的颁布，我国新一轮数学课程改革由此拉开了帷幕。随之出现的是基于课程标准的不同教材，实现了从“一纲一本”到“一纲多本”的历史跨越。无论是哪个版本的教材，都有一个相似的设计，即教科书在每一章的起始都有一段话——章引言，有的教材还有与内容配套的图片——章头图。这些内容与一般数学教学内容不同，不是以单独的课题出现，而是放在一章之前，成为一章的起始内容。于是，伴随着新课程改革和教材的变革，产生了一种新的课型：基于章节起始内容的数学教学课——章节起始课。

以高中“不等关系”为例，苏教版教材“不等式”一章中，在第一节“不等关系”之前，首先呈现的是这样的几段文字：

“在现实世界和日常生活中，存在着大量的不等关系，不等式是刻画不等关系的数学模型。

我们已利用不等式的基本性质求得一元一次不等式 $ax+b>0$ 的解集，同时，研究了一元一次不等式 $ax+b>0$ 与一次函数 $y=ax+b$ 及一元一次方程 $ax+b=0$ 三者之间的关系。

当我们面临新的不等式时，例如，一元二次不等式 $ax^2+bx+c>0$、二元一次不等式 $ax+by+c>0$ 等，我们自然会想到，曾经用过的数学思想方法还能继续运用吗？”

章节起始课是新一轮数学课程改革出现的新课型，但教师对此认识不清。例如，我们借助各级各类教师培训之契机，调查了高中数学教师对数学教材章节起始内容的认识。很多老师认为：“理论上，教材出现的内容都应该是教学内容之一，但是实际上，我们并不教这些内容。”“章节起始内容主要是对一章内容的整体说明，怎样教学不知道。教师主要了解一下即可。”“我在课堂教学中，会带着学生读一遍章头语，看一遍章头图，仅此而已。实际的教学效果也不怎么样。”可以看出，很多教师不知道如何教学章头起始内容，当然更难以体现培养学生的数学素养。因此，需要探讨章头起始课的教学。

本文选取樊亚东老师为研究对象。樊亚东老师是江苏省数学特级教师，教授级高级教师，享有“教学大师”的美誉。从樊老师的课堂中，我们可以感受到他对数学思想方法教学的深刻见解和与众不同的教学方法，可以说，樊老师已有了自己的一套行之有效的教学策略，分析樊老师的课堂，能够使我们更清楚地看到数学思想方法教学理念与教学实践的融合，对于如何开展提高学生数学素养的教学有很大帮助。

以下是樊亚东老师执教苏教版高中数学必修 5 第三章“不等式”第一节“不等关系”的教学呈现，拟通过展现樊老师的章头起始课教学，探讨学生数学素养的培养。

6.2 教学的呈现

樊老师执教该内容主要分两大部分：其一，花了 10 分钟不到的时间和学生一起分析了教材上的三个实际问题；其二，花了 30 多分钟时间教学不等关系的章头语。以下是第二部分教学主要片段。

【片段 1】

樊：我们学习时，要养成一个好习惯：当我们接触一个新的数学内容时，先思考一下是否有我们已经学过的知识和它是有关联的？大家觉得我们即将要学习的“不等式”内容和我们之前学习的哪些内容能产生联系？

生 1：一元一次方程。

生 2：一元一次不等式。

生 3：函数。

樊：同学们的回答提醒我们，之前已经学过了许多相关知识。大家要养成一个好习惯，当我们学习新内容时，要先思考一个问题：它和我们已经学过的什么内容有联系呢？我和大家交流一下我的看法，假如我来学不等式，我觉得发生关联最多的应该是等式的问题。刚才有同学说一元一次方程，这就是一个特殊的等式。还有同学说到一元一次不等式，这是提醒我们已经学过不等式。可以看出，等式和已经学过的不等式会和今天要学的不等式发生最密切的联系。下面，我们就顺着这个思路，先来回顾一下我们学过哪些相关的等式知识。

【片段2】

樊：观察两个式子 $1+1=2$ 和 $x+2=3$，它们一样吗？

生：虽然它们形式上都是等式，但是表达的意思不一样。

樊：两者不相同。这就是关于等式分类的问题了。$1+1=2$ 是绝对成立的等式，我们称为恒等式。而 $x+2=3$，这个等式成立的条件是什么呢？

生：$x=1$。

樊：如果 $x=1$ 就是等式，那么 $x=3$ 就不是等式了。对于 $x+2=3$ 这个等式，存在使它成立的条件，也有使它不成立的条件。因此我们常常要做的一件事就是解方程。即等式有两类：一类为恒成立的，一类为非恒成立的。在等式中，我们碰到过很多恒成立的式子，比如 $(a+b)^2=a^2+2ab+b^2$，我们做的工作往往就是证明它成立；我们还会碰到解等式的问题，如刚才的等式 $x+2=3$ 何时成立。也就是说，研究等式，一般有两类工作要做：一是证明恒等式，二是解等式，即解方程。

樊：那么，类比一下，大家觉得这一章不等式我们会研究哪些内容？

生：我觉得不等式这一章研究的内容会和等式一样：证明恒成立的不等式和解不等式。

【片段3】

樊：在等式中，若 $a=b$，则 $ac=bc$，等式的两边同时乘以一个数以后，等式仍然成立。那么，类比等式的性质，对照起来能推出什么结论呢？

生：若 $a>b$，则 $ac>bc$ 成立。

樊：这个不等式一定成立吗？

生：不一定成立，若 $c>0$，则 $ac>bc$；若 $c<0$，则 $ac<bc$。

樊：这就告诉我们，在进行类比迁移时需要注意的问题了，等式和不等式的成立各自需要一定的条件，我们从等式的性质引申出不等式的性质特别要注意这个问题。

【片段4】

樊：刚才大家提到，今天要学习的不等式不仅和等式有关，还和已经学过的不等式有关。在初中，我们学过了一元一次不等式，现在一起来回顾一下是如何研究一元一次不等式的，不妨以一元一次不等式 $x+1<0$ 为例。我们先构造一次函数 $y=x+1$，并作出它的图象。在图象 $y=x+1$ 中，如果令 $y=0$，就转化为一个一元一次方程 $x+1=0$，解这个方程也就是找图象和 x 轴的交点，这个交点为 $(-1,0)$，其中 -1 叫做方程的一个解。如果令 $y<0$，就变成了一元一次不等式 $x+1<0$，我们已经知道了方程和相应的函数之间的联系，那么，怎样从图象上来分析研究 $x+1<0$ 呢？

生：$x+1<0$ 就是 $y<0$。

樊：体现在图象上是怎样呢？

生：$x<-1$，图象位于 x 轴下方的部分。

樊：$y<0$ 在图象上有好多个点，这些点对应的 x 就是使得这个不等式成立的 x。把所有的解集中起来，就得到了不等式的解集。这就是利用函数图象研究一元一次不等式求解集的方法，我们在此基础上进一步研究不等式。

樊：如果我们碰到的不等式是 $x^2+2<3$ 呢？能否类比初中所学的一元一次不等式的解法，来研究这个一元二次不等式呢？为方便起见，我们先将其变成 $x^2-1<0$，请大家思考如何研究这个不等式？

生：先构造二次函数 $y=x^2-1$，并作出它的图象，令 $y=0$，得到 $x=-1$ 和 $x=1$，也即找出了函数图象上与 x 轴的交点：$(-1, 0)$ 和 $(1, 0)$。解不等式 $x^2-1<0$，就是解 $y<0$，从图象上容易发现，当所取的 x 的值在 $(-1, 1)$ 内时，对应的 y 值小于 0，即 $(-1, 1)$ 就是不等式 $x^2-1<0$ 的解集。

【片段 5】

樊：今天的课就上到这里，我给大家布置三个课后思考题。

(1) 周长为 1 的正方形和圆，哪个图形的面积更大？

(2) 解不等式 $\sin x>\frac{1}{2}$。

(3) 请同学们先作出函数 $z=1-(x+y)$ 的图象，再用阴影表示不等式 $x+y\geqslant 1$ 的解集。

6.3　案例的分析

研究樊老师执教的《不等关系》这节课，我们发现其具有以下特点：

一、抓住生长点，促进正迁移

教学片段 1 中，樊老师首先抛出问题，让学生自己将已经学过的知识与本节所要学习的不等关系进行联系。这样，学生不仅有意识地回顾了旧知识，而且在教师的引导下，不断思考新旧知识的联系。在寻找相同点的同时也无意识地发现了新旧知识的某些不同点。这无疑促进了知识的正迁移，实现了“为了迁移而教”的理念。

迁移有正迁移和负迁移。在实际教学中，如何促成正迁移理应成为教师关心的重要问题。在章节起始课的教学中，教师凭借其自身教学经验对学生认知结构的把握非常重要。在本节课讲授之前，学生已经掌握了一些简单函数、等式和一元一次不等式的相关知识，特别是关于等式的知识，学生学习得比较多，基础知识都很扎实。同时，樊老师还向学生阐述了自己的看法，进一步引导学生将已学过的函数、等式和不等式等知识与本节的不等式关系知识进行联系。樊老师以此作为新知的生长点，自然地生长出了本章要研究的内容。因此，充分把握学生的认知结构，尽可能利用学生所学过的、掌握牢固的知识来进行新知识的迁移，学生对新知识的理解、接受与掌握的过程必然加快，实际的教学效果一定非常好，而在本课中，樊老师一开始就把握住了这一点。

另外，教学结束时，樊老师布置了三个思考题，其中第三个题目是：请同学们先作出函数 $z=1-(x+y)$ 的图象，再用阴影表示不等式 $x+y\geqslant 1$ 的解集。这个内容显然已经超出了学生现有的知识水平，但是在课后，很多学生都能正确地解答这个问题。这表明，通过樊老师的教学，学生已经真正地领会到类比方法、数形结合等思想方法的内涵，能将类比和数形结合思想方法内化到自己的知识结构中，从而促成了知识的正迁移。

二、把握整体结构，沟通内在联系

片段 2 教学主要解决的是本章的研究对象问题。樊老师并没有直接给出答案，而是统筹教材、整体设计，借助等式研究不等式，有意识地引导学生回顾等式的方法：一是证明恒等式，二是解等式，即解方程。学生在樊老师的引导下，类比得到不等式这一章即将要学习的主要内容：证明恒成立的不等式和解不等式。在这样的一个教学过程中，学生不仅了解了不等式这一章的研究内容，更重要的是学生会在大脑中主动地将等式和不等式两个主题联系在一起，进而把握不等式和等式共同的内在联系和结构，促进学生在大脑中形成良好的认知结构。这样的教学设计较好地体现出教学整体设计的思想。

樊老师在片段2中把隐性的知识结构和研究方法突显了出来。从教材知识网络体系的角度看，由于本节课内容简短，因此，教材的知识网络体系并不是很明显。樊老师为了加强学生对教材知识结构的掌握，创造性地对教材进行了教学法加工。樊老师选择了等式作为切入点。在片段2中，他从最简单、最常见也是最易理解的等式入手，利用学生对等式的相关性质的理解与掌握，将等式的相关知识及研究方法迁移到不等式上来。例如，利用$1+1=2$这样的绝对恒等式和$x+2=3$这样的非恒成立等式，从两个方面说明等式的类型，从而将之迁移到不等式的类型。同时，将等式研究的内容迁移到不等式中，促使学生对不等式的内容有了一定的认识，即证明不等式和解不等式。在这一过程中，学生就将之前所学知识与新学知识联系起来，不断同化新知识，建立起新的知识网络。

三、外显思想方法，创造运用时机

在片段3中，樊老师主要渗透了类比的数学思想方法。教学中，樊老师提出了“若$a=b$，则$ac=bc$”的等式性质，依此性质，学生很容易在形式上类比推出：若$a>b$，则$ac>bc$。但事实上，只有在$c>0$且$a>b$时，$ac>bc$才成立。类比是数学发现的重要方法，但类比得出的结论未必是正确的。樊老师通过质疑“该不等式一定成立吗？”强调不等式和等式在相应性质上的区别，强化学生注意实施类比可能带来的问题，提高学生对类比方法的理性认识。

数学思想方法一般隐含在知识背后，但樊老师十分重视揭示其中的数学思想方法，把内隐的思想方法外显化。在片段4的教学中，樊老师在学生已经学习过的函数图象的相关知识基础上进行了数形结合思想方法的教学，并且和学生一起对函数图象进行更加深入的研究，促使学生对不等式有了更加深入的理解和认识。

另外，学习的过程不应当忽视基本知识和技能。教师在教学过程中运用数学思想方法的目的首先是为了促进学生对新知识的理解。在片段4中，樊老师运用了函数图象来帮助学生理解不等式的涵义。刚开始时，学生可能无法理解不等式的内涵而单纯地把不等式看做一个代数式。但是樊老师利用 $y=x+1$ 的图象帮助学生认识不等式 $x+1<0$，并且和学生一起对函数图象进行深入的解读，通过对图象上点的对应值的观察，促使学生对不等式 $x+1<0$ 的解集有了更加具体的认识。学习数学最重要的是要解决问题。学习新知识的目的是为了解决新问题。同样地，学习数学思想方法的目的也是为了解决新的问题，掌握解决新问题的方法。教学的最终目标是让学生领会到课堂中所体现的数学思想方法。当学生学习到的仅是知识和技能时，学生只能够解决相应知识的相关的问题。但当学生能够领悟思想方法时，学生就能够进行知识和方法的迁移，这才是有效的教学。自然地，当樊老师引出"$x^2-1<0$ 的解集"这一问题时，学生能够很快地解决问题。

的确，如何教数学思想方法也是当前新课程改革中亟待研究的一个重要课题。樊老师在整个教学过程中始终渗透着类比和数形结合等思想，促成了学生在基础知识、基本技能、思想方法方面的共同发展，提升了学生的认知水平。为什么樊老师数学思想方法的教学如此有效？主要有以下两个方面的原因。

第一，樊老师有明确的目标。在樊老师的教学中，他先是运用函数图象来帮助学生理解不等式的涵义，以帮助学生达成掌握新知的目标。接着，他又提出 $x^2-1<0$ 这个不等式，并且让学生自己提出解决的方法，帮助学生形成解题的技能。最后，他概括了不等式和函数图象之间的关系，让学生对数形结合思想有了深刻的理解和把握。对于本节课而言，樊老师的教学目标之一就是让学生掌握数形结合思想，他将这一个目标分解为三个层次，通过教学的逐步推进，逐步实现了不同层次的目标，最终促成学生对数学思想方法的掌握。

第二，一开始樊老师运用 $y=x+1$ 的图象帮助学生了解不等式 $x+1<0$，之后，学生已经可以自己提出用 $y=x^2-1$ 的图象来解决不等式 $x^2-1<0$ 的解集问题。可以看出，学生已经能够把学习到的知识运用到新问题的解决过程中，做到了学以致用。所以，有效实施数学思想方法教学的第二个关键要素是创造时机，让学生将学习到的知识、思想由一个问题迁移到另一个问题，由一个情境迁移到另一个情境。

四、强化数学思考，内化数学素养

数学教学就要使学生体会数学的思维方式，得到必要的数学思维训练，促进数学地思考。在片段1和片段2中，樊老师首先抛出问题，让学生自己将已经学过的知识与本节所要学习的不等关系进行联系，而后通过类比的数学思想方法得出本章的研究对象和研究内容。片段3和片段4主要利用学生头脑中已有的等式和解一元一次不等式的相关知识，通过类比和数形结合的思想方法有效地迁移到了不等式的相关性质和一元二次不等式的解法上。这不仅利于学生把握整体结构和数学思想方法，还能有效地发展学生独立思考数学问题的能力，培养他们的数学思维方式。

可以看出，樊老师的这堂课一个很大的亮点在于，他不仅教数学知识，教数学思想方法，还教数学思考和数学思维方式。樊老师多次强调"大家要养成一个好习惯，当我们学习新内容时，要先思考一个问题：它和我们已经学过的什么内容有联系呢？"由此启发我们，在学习新知时，首先要考虑：这个问题我们以前见过吗？有没有研究过和它相关的问题？如果有，当时是怎样开展研究的？有哪些重要的结论和方法？这些结论和方法能否同样适用于研究这个新的内容？等等。这种思维方式正是数学素养的内隐特质，是数学核心素养的重要体现。因此，樊老师通过教授数学思考和数学思维方式，不仅强化了数学思考，还能有效地促成学生数学素养的内化。

主要参考文献

[1] Artigue M. What can we learn from educational research at the university level?. D. Holton (ed). The Teaching and learning of Mathematics at University level: An ICMI Study [C]. Kluwer, 2004.

[2] Beth E W, Piaget J. Mathematical Epistemology and Psychology [M]. Berlin: Springer, 1974.

[3] Bybee R W, Stage E. No Country Left Behind [J]. Issues in Science and Technology. 2005,69-76.

[4] Cai J, Hwang S. Generalized and Generative Thinking in US and Chinese Students' Mathematical Problem Solving and Problem Posing [J]. The Journal of Mathematical Behavior, 2002.

[5] Cockcroft Committee. Mathematics Counts: A Report into the Teaching of Mathematics in Schools [M]. London: Her Majesty's Stationery Office, 1982.

[6] Johnson D W, Johnson R T. Implementing Cooperative Learning [J]. Education Digest, 1993, 58(8).

[7] Johnson D W, Johnson R T, Ortiz A, Stanne M. Impact of positive goal and resource interdependence on achievement, interaction and attitudes [J]. Journal of General Psychology, 1991.

[8] Matthews M. Science Teaching: The Role of History and Philosophy of Science [M]. New York: Routledge, 1994.

[9] National Council of Teachers of Mathematics. Curriculum and Evaluation Standards for School Mathematics [M]. Reston, VA: Author, 1989.

[10] OECD: PISA 2003 Mathematics Literacy Framework. 2002.

[11] Veenman S, Kenter B, Post K. Cooperative Learning in Dutch Primary Classrooms [J]. Educational Studies, 2000,26(3).

[12] Welch. Inquiry in School Science [A]. N. Harms, R. Yager(ed). What Research Says to the Science Teacher [C]. Vol. 3. NSTA. 1981.

[13] A. A. 斯托利亚尔. 数学教育学[M]. 丁尔陞等,译. 北京:人民教育出版社,1984.

[14] A. D. 亚历山大洛夫. 数学——它的内容,方法和意义[M]. 孙小礼,赵孟养,裘光明,译. 北京:科

学出版社，2012.
[15] G. 波利亚. 怎样解题[M]. 阎育苏，译. 北京：科学出版社，1982.
[16] Paul Ernest. 数学教育哲学[M]. 齐建华，张松枝，译. 上海：上海教育出版社，1998.
[17] 卞维清. 例谈数列复习中数学思想的渗透[J]. 中学教学参考，2012(35).
[18] 蔡上鹤. 谈谈数学素养[J]. 人民教育，1994(10).
[19] 蔡上鹤. 建国以来初中数学教学大纲的演变和启示[J]. 数学通报，2005(3).
[20] 陈向明. 质的研究方法与社会科学研究[J]. 北京：北京教育出版社，2002.
[21] 崔允漷，沈毅等. 课堂观察 20 问答[J]. 当代教育科学，2007(24).
[22] 邓东皋等. 数学与文化[M]. 北京：北京大学出版社，1990.
[23] 多尔. 后现代课程观[M]. 王红宇，译. 北京：教育科学出版社，2000.
[24] 高银，吴晓红. 什么是有效的课题引入——基于两节正弦定理课的比较分析[J]. 江苏教育学报(自然科学版)，2012(6).
[25] 顾继玲. 关注过程的数学教学[J]. 课程・教材・教法，2010(1).
[26] 顾沛. 十种数学能力和五种数学素养[J]. 高等数学研究，2001(1).
[27] 弓爱芳. 数学阅读及数学阅读能力培养的研究[D]. 武汉：华中师范大学，2006.
[28] 桂德怀，徐斌艳. 数学素养内涵之探析[J]. 数学教育学报，2008(5).
[29] 郭雅彩. 数学阅读及其教育功能[J]. 陕西师范大学学报(自然科学版)，2002(5).
[30] 胡典顺. 数学素养研究综述[J]. 课程・教材・教法，2010(12).
[31] 胡塞尔. 欧洲科学危机与超验现象学[M]. 王炳文，译. 上海：上海译文出版社，2005.
[32] 黄翔. 数学方法论选论[M]. 重庆：重庆大学出版社，1995.
[33] 黄毅英. 数学观研究综述[J]. 数学教育学报，2002，11(1).
[34] 金益洪，胡艳.《探索勾股定理》的教学设计[J]. 中学数学杂志(初中)，2007(6).
[35] 课程教材研究所. 20 世纪中国中小学课程标准・教学大纲汇编(数学卷)[M]. 北京：人民教育出版社，2001.
[36] 孔企平. 国际数学学习测评：聚焦数学素养的发展[J]. 全球教育展望，2011(11).
[37] 莱夫，温格. 情景学习理论：合法的边缘参与[M]. 王文静，译. 上海：华东师范大学出版社，2004.
[38] 李海东. 重视数学思想方法的教学[J]. 中学数学教育，2011(1—2).
[39] 李和中. 关于问题情境的两点思考[J]. 湖南教育(综合版)，2004(2).
[40] 李华. 探究式科学教学的本质特征及问题探讨[J]. 课程・教材・教法，2003(4).
[41] 李约瑟. 中国科学技术史(第 3 卷)[M].《中国科学技术史》翻译小组，译. 北京：科学出版社，1978.
[42] 梁宇，潘登. 本科小学教育专业学生数学素养的培养研究[J]. 佳木斯教育学院学报，2011(1).
[43] 刘兼，孙晓天. 全日制义务教育数学课程标准(实验稿)解读[M]. 北京：北京师范大学出版社，2002.
[44] 刘儒德，陈红艳. 小学生数学学习观调查研究[J]. 心理科学，2002(2).
[45] 刘儒德，陈红艳. 论中小学生的数学观[J]. 北京师范大学学报(社会科学版)，2004(5).
[46] 陆璟. PISA 研究的政策导向探析[J]. 教育发展研究，2010(8).
[47] 罗增儒. 数学思想方法的教学[J]. 中学教研，2004(7).
[48] "MA"课题组. "发展学生数学思想，提高学生数学素养"教学实验研究报告[J]. 课程・教材・教

法,1997(8).
[49] 马红亮.合作学习的内涵、要素和意义[J].外国教育研究,2003(5).
[50] 马兰.合作学习的价值内涵[J].课程・教材・教法,2004(4).
[51] 毛海平.在解决问题教学中,提升学生数学素养[J].小学教学参考(数学),2010(10).
[52] 米山国藏.数学的精神思想和方法[M].毛正中,吴素华,译.成都:四川教育出版社,1986.
[53] 潘小明.关于数学素养及其培养的若干认识[J].数学教育学报,2009(2).
[54] 皮亚杰.发生认识论原理[M].王宪钿等,译.北京:商务印书馆,1981.
[55] 綦春霞.PISA数学素养测评及其特点[J].数学通报,2009(6).
[56] 乔纳森.学习环境的理论基础[M].郑太年,任友群,译.上海:华东师范大学出版社,2002.
[57] 上海市黄浦区数学方法论研究小组.关于数学思想方法训练序的研究[J].数学教育学报,1994(2).
[58] 邵光华,刘明海.数学语言及其教学研究[J].课程・教材・教法,2005(2).
[59] 石顺宽."圆柱的体积"教学设计[J].黑龙江教育,2005(3).
[60] 汤慧龙.关于数学创新性教育的另一种思考[J].数学教育学报,2011(3).
[61] 王鉴.合作学习的形式、实质与问题反思——关于合作学习的课堂志研究[J].课程・教材・教法,2004(8).
[62] 王较过.物理探究教学中问题情境的创设[J].天津师范大学学报(基础教育版),2008(2).
[63] 王婧.浅谈数学素养的培养[J].数学学习与研究,2011(4).
[64] 王林全.中学生数学观的现状及形成探究[J].华南师范大学学报(社会科学版),1994(4).
[65] 王乃涛.内涵和价值:有待厘清的数学素养[J].江苏教育,2009(1).
[66] 王坦.合作学习简论[J].中国教育学刊,2002(1).
[67] 王雪,马真真,刘晓玫.数学素养的意义与学校课程设计——日本的数学素养研究[J].小学教学(数学版),2012(12).
[68] 王亚辉.数学方法论——问题解决的理论[M].北京:北京大学出版社,2007.
[69] 王子兴.论数学素养[J].数学通报,2002(1).
[70] 维科斯基.思维与语言[M].李维,译.杭州:浙江教育出版社,1997.
[71] 文大稷.试论历史与逻辑相统一的方法[J].学校党建与思想教育,2010(35).
[72] 吴晓红.数学教育国际比较的方法论研究[M].广州:广东教育出版社,2007.
[73] 吴晓红,刘洁,谢明初,袁玲玲,乔健.现状、反思与构建:数学新课导入情境化[J].湖南教育,2009(4).
[74] 吴晓红,宋磊,张冬梅,束艳.什么是有效的合作学习——基于"米的认识"的解读[J].课程・教材・教法,2012(8).
[75] 吴晓红,周明儒,苗正科.地方师范院校文科大学生数学素养的现状及提高[J].数学教育学报,2011(4).
[76] 谢明初.数学教育中的建构主义:一个哲学的审视[M].上海:华东师范大学出版社,2007.
[77] 熊惠民.数学思想方法通论[M].北京:科学出版社,2010.
[78] 徐利治.数学方法论选讲[M].武汉:华中理工大学出版社,1988.
[79] 徐伟建,吴冬琴.课堂教学中几种渗透数学思想的方式[J].教学与管理,2011(4).
[80] 徐卫祥,王菁."探索勾股定理"第一课时教学设计[J].中学数学,2008(6).
[81] 徐文彬.数学"解决问题的策略"的理解、设计与教学[J].课程・教材・教法,2009(1).

[82] 严士健，张奠宙，王尚志. 普通高中数学课程标准（实验）解读[M]. 南京：江苏教育出版社，2004.
[83] 杨骞，张振. 数学教育与数学的价值[J]. 辽宁师范大学学报（自然科学版），2004(1).
[84] 杨裕前，董林伟. 义务教育课程标准实验教科书数学八年级（上册）[M]. 南京：江苏科学技术出版社，2007.
[85] 袁玲玲，吴晓红. 过程教学视角下的勾股定理的教学过程[J]. 中学数学杂志，2010(8).
[86] 张春莉. 数学课中小组合作学习的若干问题研究[J]. 教育理论与实践，2002(1).
[87] 张奠宙，宋乃庆. 数学教育概论[M]. 北京：高等教育出版社，2009.
[88] 张奠宙，唐瑞芬，刘鸿坤. 数学教育学[M]. 南昌：江西教育出版社，1997.
[89] 张奠宙，郑振初. "四基"数学模块教学的构建——兼谈数学思想方法的教学[J]. 数学教育学报，2011(5).
[90] 张冬梅. "米"课堂教学预案[J]. 小学教学参考，2006(7—8).
[91] 章飞. 数学教学设计的理论与实践[M]. 南京：南京大学出版社，2009.
[92] 张静. 在课堂教学中如何渗透数学思想方法[J]. 广西教育，2012(37).
[93] 张侨平，黄毅英，林智中. 中国内地数学信念研究的综述[J]. 数学教育学报，2009(6).
[94] 郑强. 论数学素养及其在数学课程中的价值体现[J]. 曲阜师范大学学报（自然科学版），2005(2).
[95] 郑毓信. 数学教育哲学的理论与实践[M]. 南宁：广西教育出版社，2008.
[96] 郑毓信. 数学方法论入门[M]. 杭州：浙江教育出版社，2006.
[97] 郑毓信. 数学方法论[M]. 南宁：广西教育出版社，1991.
[98] 郑毓信. 数学教育的现代发展[M]. 南京：江苏教育出版社，1999.
[99] 郑毓信，吴晓红. 数学探究学习之省思[J]. 中学数学月刊，2005(2).
[100] 郑毓信，张晓贵. 学习共同体与课堂中的权力关系[J]. 全球教育展望，2006(3).
[101] 中华人民共和国教育部. 九年制义务教育全日制初级中学数学教学大纲（试用修订版）[M]. 北京：人民教育出版社，2000.
[102] 中华人民共和国教育部. 全日制普通高级中学数学教学大纲（试验修订版）[M]. 北京：人民教育出版社，2000.
[103] 中华人民共和国教育部. 全日制义务教育数学课程标准（实验稿）[S]. 北京：北京师范大学出版社，2001.
[104] 中华人民共和国教育部. 义务教育数学课程标准（2011 年版）[S]. 北京：北京师范大学出版社，2012.
[105] 中华人民共和国教育部. 普通高中数学课程标准（实验）[S]. 北京：人民教育出版社，2003.
[106] 中华人民共和国教育部. 普通高中数学课程标准（2017 年版）[S]. 北京：人民教育出版社，2017.
[107] 钟启泉，崔允漷，张华. 为了中华民族的复兴，为了每位学生的发展——《基础教育课程改革纲要（试行）》解读[M]. 上海：华东师范大学出版社，2001.
[108] 周国韬. 问卷调查法刍议心理[J]. 发展与教育，1990(1).
[109] 左昌伦. 促进学生有效地合作学习[J]. 中国教育学刊，2003(6).
[110] 朱德全. 数学素养构成要素探析[J]. 中国教育学刊，2012(5).

图书在版编目(CIP)数据

数学素养：从理论到实践/吴晓红著. —上海：华东师范大学出版社，2019
ISBN 978-7-5675-9743-3

Ⅰ.①数… Ⅱ.①吴… Ⅲ.①数学教学—教学研究
Ⅳ.①O1-4

中国版本图书馆 CIP 数据核字(2019)第 234882 号

数学素养：从理论到实践

著　　者　吴晓红
策划编辑　李文革
项目编辑　曹祖红
特约审读　王莲华
责任校对　王丽平
装帧设计　卢晓红

出版发行　华东师范大学出版社
社　　址　上海市中山北路 3663 号　邮编 200062
网　　址　www.ecnupress.com.cn
电　　话　021-60821666　行政传真 021-62572105
客服电话　021-62865537　门市(邮购)电话 021-62869887
地　　址　上海市中山北路 3663 号华东师范大学校内先锋路口
网　　店　http://hdsdcbs.tmall.com

印 刷 者　上海景条印刷有限公司
开　　本　787×1092　16 开
印　　张　11
字　　数　183 千字
版　　次　2019 年 12 月第 1 版
印　　次　2019 年 12 月第 1 次
书　　号　ISBN 978-7-5675-9743-3
定　　价　28.00 元

出 版 人　王　焰

(如发现本版图书有印订质量问题，请寄回本社客服中心调换或电话 021-62865537 联系)